**老虎工作室**

卢峰 高彦强 王刚 编著

# TArch 8.5
# 天正建筑软件
## 实例详解

U0212622

人民邮电出版社

北 京

**图书在版编目（CIP）数据**

TArch 8.5天正建筑软件实例详解 / 卢峰，高彦强，
王刚编著. -- 北京 ：人民邮电出版社，2012.10（2024.7重印）
ISBN 978-7-115-29162-2

Ⅰ. ①T… Ⅱ. ①卢… ②高… ③王… Ⅲ. ①建筑设
计—计算机辅助设计—应用软件 Ⅳ. ①TU201.4

中国版本图书馆CIP数据核字（2012）第218398号

## 内 容 提 要

本书从初学者的角度出发，系统地介绍了 TArch 8.5 的基本操作方法、建筑绘图的流程及绘制整套图纸的方法等。

全书分为 3 部分，共 12 章，其中第 1 部分为概述，简要介绍了 AutoCAD 2010 和 TArch 8.5 的基础知识；第 2 部分主要介绍了绘制建筑平面图的基本方法，主要内容包括轴网平面图的绘制，墙体、柱网的布置与编辑，门窗的插入与编辑，楼梯、台阶与花池、散水的绘制，尺寸与符号标注等；第 3 部分为建筑设计实例，通过具体实例讲解了绘制建筑平面图、立面图及剖面图的方法与技巧，使读者对于绘制整套建筑图有一个整体的认识，为以后独立绘图打下基础。

本书的特色之处是将全部案例和习题的绘制过程都录制成了动画，并配有全程语音讲解，收录在本书所附光盘中，可作为读者学习时的参考和向导。

本书内容系统、完整，实用性较强，可作为建筑、土木等相关专业教学以及工程人员培训的参考教材，对于刚刚接触建筑设计的人员也是一本很好的实用指导书。

### TArch 8.5 天正建筑软件实例详解

◆ 编　　著　老虎工作室　卢　峰　高彦强　王　刚
　　责任编辑　李永涛

◆ 人民邮电出版社出版发行　　北京市丰台区成寿寺路 11 号
　　邮编　100164　　电子邮件　315@ptpress.com.cn
　　网址　http://www.ptpress.com.cn
　　北京天宇星印刷厂印刷

◆ 开本　787×1092　1/16
　　印张：15.5　　　　　　　　　2012 年 10 月第 1 版
　　字数：359 千字　　　　　　　2024 年 7 月北京第 19 次印刷

ISBN 978-7-115-29162-2

定价：35.00 元（附光盘）

读者服务热线：(010)81055410　印装质量热线：(010)81055316
反盗版热线：(010)81055315

## 内容和特点

TArch 8.5 是天正建筑软件的最新版本，它采用了全新的开发技术，对软件技术核心进行了全面提升，特别在自定义对象核心技术方面取得了革命性突破！传统的以自定义对象为基础的建筑软件每次大版本的升级都会造成文件格式不兼容，TArch 8.5 引入动态数据扩展的技术解决方案，突破了这一限制。初学者应在掌握其基本功能的基础上，学会如何具体使用该工具设计并完整地绘制一套建筑图纸。本书就是围绕着这个中心点来组织、安排内容的。

作者对本书的结构体系做了精心安排，力求系统、全面、清晰地介绍用天正建筑软件绘制建筑图形的方法，以提升读者独立进行建筑设计的能力。

本书分为 3 部分，共 12 章，主要内容如下。

第 1 部分：概述。

- 第 1 章：介绍了 AutoCAD 2010 的绘图环境及基本操作。
- 第 2 章：介绍了 TArch 8.5 软件的基本操作。
- 第 3 章：介绍了 TArch 8.5 与 AutoCAD 2010 的兼容问题。

第 2 部分：某居民楼建筑平面图详解。

- 第 4 章：介绍了轴网平面图的绘制。
- 第 5 章：介绍了墙体的布置与编辑。
- 第 6 章：介绍了柱网的布置与编辑。
- 第 7 章：介绍了门窗的插入与编辑。
- 第 8 章：介绍了楼梯、台阶与花池、散水等的绘制。
- 第 9 章：介绍了尺寸与符号的标注。

第 3 部分：建筑设计实例。

- 第 10 章：介绍了某酒店建筑设计。
- 第 11 章：介绍了某公司办公楼建筑设计。
- 第 12 章：介绍了某中学教学楼建筑设计。

## 读者对象

本书通过基本命令与绘制建筑实例相结合的方式进行讲解，图文结合、条理清晰、易于掌握，可作为建筑、土木等相关专业教学及工程人员培训的教材或参考书，对于刚接触建筑设计的人员也是一本很好的实用指导书。

## 附盘内容及用法

本书所附光盘主要包括以下两部分内容。

## 1. ".dwg" 图形文件

本书所有练习用到的及典型实例完成后的 ".dwg" 图形文件都收录在附盘中的 "dwg\第×章" 文件夹下（如：dwg\第 12 章\建筑轴线.dwg），读者可以随时调用和参考这些文件。

**注意**：光盘上的文件都是 "只读" 的，无法直接修改，读者可以先将这些文件复制到硬盘上，去掉文件的 "只读" 属性，然后再使用。

## 2. ".avi" 动画文件

本书全部案例和习题都录制成了 ".avi" 动画文件，并收录在附盘中的 "\avi\第×章" 文件夹下。

".avi" 是最常用的动画文件格式，读者用 Windows 系统提供的 Windows Media Player 就可以播放它，选择【开始】/【所有程序】/【附件】/【娱乐】/【Windows Media Player】命令即可打开。一般情况下，读者双击某个动画文件，即可观看该文件所录制的实例绘制过程。

**注意**：播放文件前要安装光盘根目录下的 "avi_tscc.exe" 插件。


参加本书编写工作的还有沈精虎、黄业清、宋一兵、谭雪松、冯辉、计晓明、董彩霞、滕玲、管振起等。感谢您选择了本书，由于作者水平有限，书中难免存在疏漏之处，敬请批评指正。

老虎工作室网站 http://www.ttketang.com，电子邮件 ttketang@163.com。

老虎工作室
2012 年 8 月

# 目 录

# 第1部分 概述

　　本部分主要介绍 AutoCAD 2010 和 TArch 8.5 的基础内容，包括 3 章，主要介绍了 AutoCAD 2010 的绘图环境及基本操作，TArch 8.5 的基本操作，以及 TArch 8.5 和 AutoCAD 2010 的兼容问题。通过本部分的学习，初学者可以对 AutoCAD 2010 和 TArch 8.5 有一个初步的认识，为以后更深入的学习打下良好的基础。

# 第1章 AutoCAD 2010 的绘图环境及基本操作

## 【学习指导】

- 熟悉 AutoCAD 2010 的工作界面。
- 掌握调用 AutoCAD 2010 命令的方法。
- 掌握选择对象的常用方法。
- 熟悉删除对象、撤销和重复命令、取消已执行操作的方法。
- 熟悉快速缩放、移动图形及全部缩放图形的方法。
- 熟悉新建、打开及保存图形文件的方法。
- 熟悉输入、输出图形文件的方法。
- 了解 AutoCAD 2010 的工作空间。

通过对本章内容的学习，读者可以掌握 AutoCAD 2010 用户界面、AutoCAD 2010 基本操作和 CAD 制图的一般规定，为后期学习 AutoCAD 及 TArch 打下坚实的基础。

## 1.1 了解用户界面并学习基本操作

本节将主要介绍作为图形平台的 AutoCAD 2010 绘图界面的基础内容。

### 1.1.1 AutoCAD 2010 用户界面

启动 AutoCAD 2010，其用户界面主要由菜单浏览器、快速访问工具栏、功能区、绘图窗口、命令提示窗口和状态栏等部分组成，如图 1-1 所示，下面分别介绍各部分的功能。

AutoCAD 2010 的界面与之前的版本有些不同，但其具体操作步骤和功能并没有太大的变化，方便老用户操作的方便，可以进行不同界面之间的相互转换。单击状态栏中的 二维草图与注释 按钮，弹出的快捷菜单如图 1-2 所示，用户可根据需要在二维草图与注释、三维建模和 AutoCAD 经典等工作空间之间进行相关转换，一般建议选用【AutoCAD 经典】工作空间。

**一、 菜单浏览器**

单击【菜单浏览器】按钮，展开菜单浏览器，如图 1-3 所示。该菜单包含【新建】、【打开】、【保存】及【另存为】等常用命令。在菜单浏览器顶部的搜索栏中输入关键字或短语，即可定位相应的菜单命令。选择搜索结果，即可执行命令。

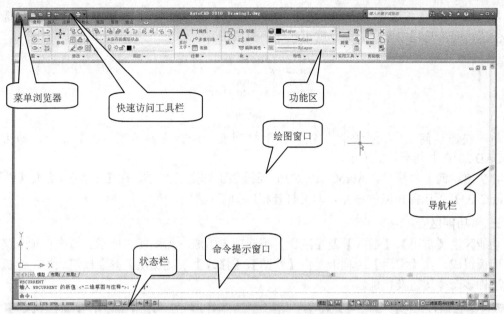

图1-1 AutoCAD 2010 用户界面

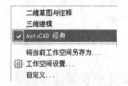

图1-2 切换工作空间

图1-3 菜单浏览器

单击菜单浏览器顶部的  按钮，显示最近使用的文档。单击 按钮，显示已打开的所有图形文件。将鼠标指针悬停在文件名上时，将显示预览图片及文件路径、修改日期等信息。

## 二、快速访问工具栏

快速访问工具栏用于存放经常访问的命令按钮，在按钮上单击鼠标右键，弹出快捷菜

单，如图 1-4 所示。选择【自定义快速访问工具栏】命令就可向工具栏中添加按钮，选择
【从快速访问工具栏中删除】命令就可删除相应按钮。

从快速访问工具栏中删除(R)
添加分隔符(A)
自定义快速访问工具栏(C)
在功能区下方显示快速访问工具栏

图1-4 快捷菜单

单击快速访问工具栏上的▼按钮，在下拉列表中选择【显示菜单栏】命令，即可在
AutoCAD 2010 中显示其主菜单。

除快速访问工具栏外，AutoCAD 2010 还提供了许多工具栏。在【工具】/【工具栏】/
【AutoCAD】下选择相应的命令，即可打开相应的工具栏。

### 三、功能区

功能区由【常用】、【插入】及【注释】等选项卡组成，如图 1-5 所示。每个选项卡又由
多个面板组成，如【常用】选项卡是由【绘图】、【修改】及【图层】等面板组成的。面板上
布置了许多命令按钮及控件。

图1-5 功能区

单击功能区顶部的▭按钮，可展开或收拢功能区。

单击某一面板上的▼按钮，可展开该面板；单击▣按钮，可固定该面板。

用鼠标右键单击任一选项卡标签，弹出快捷菜单，在【显示选项卡】下选择命令，即可
关闭相应选项卡。

选择菜单命令【工具】/【选项板】/【功能区】，可打开或关闭功能区，对应的命令为
RIBBON 及 RIBBONCLOSE。

在功能区顶部位置单击鼠标右键，弹出快捷菜单，选择【浮动】命令，即可移动功能
区，也能改变功能区的形状。

### 四、绘图窗口

绘图窗口是用户绘图的工作区域，该区域无限大，其左下方有一个表示坐标系的图标，
此图标指示了绘图区的方位。图标中的箭头分别指示 $x$ 轴和 $y$ 轴的正方向。

当移动鼠标指针时，绘图区域中的十字形光标会跟随移动，与此同时，绘图区底部的状
态栏中将显示光标点的坐标数值。单击该区域可改变坐标的显示方式。

绘图窗口包含了两种绘图环境：一种为模型空间，另一种为布局空间。在此窗口底部有
3 个选项卡 模型 布局1 布局2 ，默认情况下，【模型】选项卡是按下的，表明当前绘图环境是模
型空间，用户一般在这里按实际尺寸绘制二维或三维图形。当选择【布局 1】或【布局 2】
选项卡时，即切换至图纸空间。可以将图纸空间想象成一张图纸（系统提供的模拟图纸），
用户可在这张图纸上将模型空间的图样按不同缩放比例布置在图纸上。

### 五、导航栏

导航栏中有上下滚动条和左右滚动条，单击滚动条后按住鼠标左键不放可以在竖直和水

平方向移动图形；单击导航栏中的 ✓ 按钮，可以实现图形微调；同样，在左右滚动条上单击鼠标右键可以选择左边缘、右边缘、向左翻页、向右翻页等功能。

**六、 命令提示窗口**

命令提示窗口位于 AutoCAD 2010 程序窗口的底部，用户输入的命令、系统的提示及相关信息都反映在此窗口中。默认情况下，该窗口仅显示 3 行，将鼠标指针放在窗口的上边缘，指针变成双向箭头，按住鼠标左键并向上拖动就可以增加命令窗口显示的行数。

按 F2 键可打开命令提示窗口，再次按 F2 键又可关闭此窗口。

**七、 状态栏**

状态栏上显示绘图过程中的许多信息，如十字形光标的坐标值、一些提示文字等，还包含许多绘图辅助工具。

## 1.1.2 调用命令

启动 AutoCAD 2010 命令的方法一般有两种。

(1) 在命令行中输入命令全称或简称。

(2) 用鼠标在功能区、菜单栏或工具栏上选择命令或单击按钮。

在 AutoCAD 命令行中输入命令全称或简称即可执行相应命令。

一个典型的命令执行过程如下。

```
命令: _line 指定第一点:          //输入命令全称 Line 或简称 L，按 Enter 键
指定下一点或 [放弃(U)]:           //选取下一点
指定下一点或 [放弃(U)]:           // 按 Enter 键或按 U 键结束
```

AutoCAD 的命令执行过程是交互式的，当用户输入命令后，需按 Enter 键确认，系统才执行该命令。而执行过程中，AutoCAD 有时要等待用户输入必要的绘图参数，如输入命令选项、点的坐标或其他几何数据等，输入完成后，也要按 Enter 键，AutoCAD 才继续执行下一步操作。

很多命令可以透明使用，即在 AutoCAD 执行某个命令的同时可输入其他命令。透明使用命令的形式是，在当前命令提示行上以 "'+命令" 的形式输入要发出的另一个命令。以下例子说明透明使用命令的方法。

```
命令: circle                                          //在屏幕上绘制圆
指定圆的圆心或 [三点(3P)/两点(2P)/切点、切点、半径(T)]: //在屏幕上选取圆心位置点
指定圆的半径或 [直径(D)] <50.2511>: 'cal    //再发出 CAL 命令计算圆的半径
(透明使用命令)
>>>> 表达式: 10+20                                    //输入计算表达式
指定圆的半径或 [直径(D)]: 30                          //计算结果
```

## 1.1.3 选择对象的常用方法

使用编辑命令时需要选择对象，被选对象构成一个选择集。AutoCAD 提供了多种构造选择集的方法。默认情况下，用户能够逐个拾取对象，也可利用矩形、交叉窗口一次选择多个对象。

### 一、 用矩形窗口选择对象

当 AutoCAD 2010 提示选择要编辑的对象时，用户在图形元素左上角或左下角单击一点，然后向右下角（右上角）拖动鼠标，AutoCAD 显示一个实线矩形窗口，让此窗口完全包含要编辑的图形实体；再单击一点，矩形窗口中的所有对象（不包括与矩形边相交的对象）被选中，被选中的对象将以虚线形式表示出来。

下面通过 ERASE 命令演示这种选择方法。

【练习1-1】：　练习用矩形窗口选择对象。

打开附盘文件 "dwg\第 1 章\1-1.dwg"，如图 1-6 左图所示，利用 ERASE 命令将左图修改为右图。

```
命令: _erase
选择对象:                        //在右下角单击一点，如图 1-6 左图所示
指定对角点: 找到 9 个            //在左上角单击一点
选择对象:                        //按 Enter 键结束
```

结果如图 1-6 右图所示。

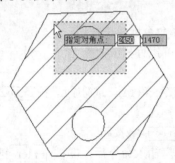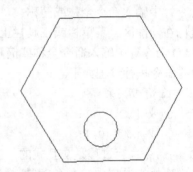

图1-6　用矩形窗口选择对象

### 二、 用交叉窗口选择对象

当 AutoCAD 提示"选择对象"时，在要编辑的图形元素的右上角或右下角单击一点，然后向左下角（左上角）拖动鼠标，此时出现一个虚线矩形框，使该矩形框包含被编辑对象的一部分，而让其余部分与矩形框边相交；再单击一点，则框内的对象及与框边相交的对象全部被选中。

下面用 ERASE 命令演示这种选择方法。

【练习1-2】：　练习用交叉窗口选择对象。

打开附盘文件 "dwg\第 1 章\1-2.dwg"，如图 1-7 左图所示，用 ERASE 命令将左图修改为右图。

```
命令: _erase
选择对象:                        //在 a 点处单击一点，如图 1-7 左图所示
指定对角点:                      //在 b 点处单击一点
选择对象:                        //按 Enter 键结束
```

结果如图 1-7 右图所示。

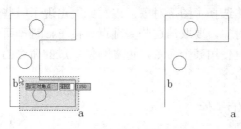

图1-7　用交叉窗口选择对象

### 三、 给选择集添加或去除对象

编辑过程中，用户构造选择集常常不能一次完成，需向选择集中加入或删除对象。在添加对象时，可直接选取或利用矩形窗口、交叉窗口选择要加入的图形元素。若要删除对象，可先按住 Shift 键，再从选择集中选择要清除的图形元素。

【练习1-3】： 练习通过 ERASE 命令演示修改选择集的方法。

打开附盘文件 "dwg\第 1 章\1-3.dwg"，如图 1-8 左图所示，利用 ERASE 命令将左图修改为右图。

| | |
|---|---|
| 命令: _erase | |
| 选择对象: | //在 a 点处单击一点，如图 1-8 左图所示 |
| 指定对角点: 找到 8 个 | //在 b 点处单击一点 |
| 选择对象: 找到 1 个, 删除 1 个, 总计 7 个 | |
| | //按住 Shift 键，选取矩形 c，该矩形从选择集中去除 |
| 选择对象:找到 1 个, 总计 8 个 | //选择圆 d |
| 选择对象: | //按 Enter 键结束 |

结果如图 1-8 右图所示。

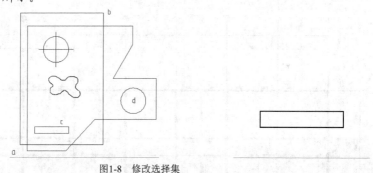

图1-8　修改选择集

## 1.1.4　删除对象

ERASE 命令用来删除图形对象，该命令没有任何选项。要删除一个对象，可以先选择该对象，然后单击【修改】面板上的 ✎ 按钮，或输入命令 ERASE（命令简称 E）；也可先发出删除命令，再选择要删除的对象。

## 1.1.5　撤销和重复命令

发出某个命令后，可随时按 Esc 键终止该命令。此时，AutoCAD 又返回到命令行。

有时在图形区域内偶然选择了图形对象，该对象上出现了一些高亮的小框，这些小框被称为关键点，可用于编辑对象，要取消这些关键点，按 Esc 键即可。

绘图过程中，经常重复使用某个命令，重复刚使用过的命令的方法是直接按 Enter 键，即可进入上次刚执行过的命令。

## 1.1.6　取消已执行的操作

在使用 AutoCAD 绘图的过程中，难免会出现错误，要修正这些错误，可使用 UNDO 命令或单击快速访问工具栏上的 按钮。如果想要取消前面执行的多个操作，可反复使用 UNDO 命令或反复单击 按钮。此外，也可单击 按钮右边的 按钮，在弹出的列表中然后选择要放弃的几个操作，还可以通过快捷键 Ctrl+Z 来执行以上相关操作，撤销几个操作就按几次，这是 CAD 绘图常用的取消命令的操作方法。

当取消一个或多个操作后，若想恢复原来的效果，可使用 REDO 命令或单击快速访问工具栏上的 按钮。此外，也可单击 按钮右侧的 按钮，在弹出的列表中选择要恢复的多个操作。

## 1.1.7　快速缩放及移动图形

AutoCAD 2010 的图形缩放及移动功能是很完备的，使用起来也很方便。绘图时，经常通过标准工具栏上的 、 按钮来完成这两项功能。此外，不论 AutoCAD 命令是否运行，单击鼠标右键，弹出快捷菜单，该菜单上的【缩放】及【平移】命令也能实现同样的功能。

【练习1-4】：　练习观察图形的方法。

1. 打开附盘文件 "dwg\第 1 章\1-4.dwg"，如图 1-9 所示。

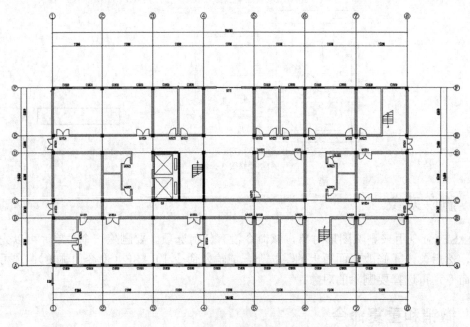

图1-9　观察图形

2. 将鼠标指针移动到要缩放的区域，向前转动鼠标滚轮放大图形，向后转动滚轮缩小图形。

3. 按住鼠标中键，鼠标指针变成手的形状 👋，拖动鼠标，则平移图形。

4. 双击鼠标中键，全部缩放图形。

5. 单击标准工具栏中 🔍 按钮上的右下角小按钮，按住鼠标左键的同时移动鼠标选择【窗口缩放】命令；在主视图左上角的空白处单击一点，向右下角移动鼠标，出现矩形框，再单击一点，AutoCAD 把矩形内的图形放大以充满整个图形窗口。

6. 单击标准工具栏上的 🖐 按钮，AutoCAD 进入实时平移状态，鼠标指针变成手的形状 👋，此时按住鼠标左键并拖动鼠标，即可平移视图。单击鼠标右键，弹出快捷菜单，然后选择【退出】命令。

7. 单击鼠标右键，选择【缩放】命令，如图 1-10 所示，进入实时缩放状态，鼠标指针变成放大镜形状 🔍，此时按住鼠标左键并向上拖动鼠标，放大零件图；向下拖动鼠标，缩小零件图。单击鼠标右键，然后选择【退出】命令。

8. 单击鼠标右键，选择【平移】命令，切换到实时平移状态平移图形，按 Esc 键或 Enter 键退出，如图 1-10 所示。

图1-10　快捷菜单

9. 单击【标准】工具栏上的 🔍 按钮，选择【缩放上一个】命令，返回上一次的显示。

10. 不要关闭当前文件，下一节继续练习。

## 1.1.8　窗口放大图形、全部显示图形及返回上一次的显示

在绘图过程中，用户经常要将图形的局部区域放大，以方便绘图。绘制完成后，又要返回上一次的显示，以观察绘图效果。利用右键快捷菜单的相关命令及【标准】工具栏面板上的 🔍 及 🔍 按钮可实现这几项功能。

继续上一小节的练习。

1. 单击【标准】工具栏面板上的　按钮，按住鼠标左键并移动鼠标，选择【窗口缩放】命令，在要放大的区域拖出一个矩形窗口，则该矩形内的图形被放大至充满整个程序窗口。

2. 按住鼠标中键并拖动鼠标，平移图形。

3. 单击【标准】工具栏面板上的　按钮，返回上一次的显示。

4. 单击【标准】工具栏面板上的　按钮，按住鼠标左键选择　按钮，指定矩形窗口的第一个角点，再指定另一角点，系统将尽可能地把矩形内的图形放大以充满整个程序窗口。

将图形全部显示在窗口中的操作方法有以下 3 种。

(1) 双击鼠标中键，将所有图形对象充满图形窗口显示出来。

(2) 单击标准工具栏面板上的　按钮，选择【范围缩放】命令，则全部图形以充满整个程序窗口的状态显示出来。

(3) 单击鼠标右键，选择【缩放】命令，再次单击鼠标右键，选择【范围缩放】命令，如图 1-11 所示，则全部图形充满整个程序窗口显示出来。

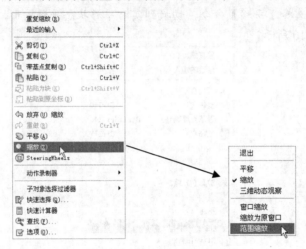

图1-11　【范围缩放】右键操作提示

## 1.1.9　设定绘图区域的大小

AutoCAD 的绘图空间是无限大的，用户可以设定程序窗口中显示出的绘图区域大小。作图时，事先对绘图区域的大小进行设定，将有助于用户了解图形分布的范围。当然，也可在绘图过程中随时缩放（使用　工具）图形以控制其在屏幕上显示的效果。

设定绘图区域的大小有以下两种方法。

(1) 将一个圆充满整个程序窗口显示出来，依据圆的尺寸就能轻易地估计出当前绘图区域的大小了。

【练习1-5】：　练习设定绘图区域的大小。

1. 单击【绘图】面板上的　按钮，AutoCAD 提示如下。

```
命令: _rectang
指定第一个角点或 [倒角(C)/标高(E)/圆角(F)/厚度(T)/宽度(W)]://在绘图区域单击一点
指定另一个角点或 [面积(A)/尺寸(D)/旋转(R)]:              //同样在绘图区域单击另一点
```

2. 双击鼠标中键，矩形充满整个窗口并显现出来，如图 1-12 所示。

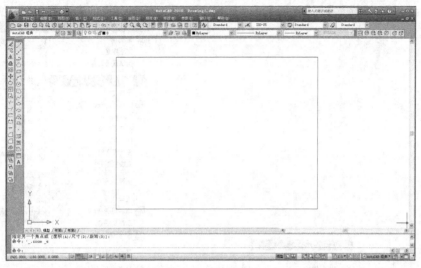

图1-12　设定绘图区域大小

(2) 用 LIMITS 命令设定绘图区域的大小。该命令可以改变栅格的长宽尺寸及位置。所谓栅格，是指点在矩形区域中按行、列形式分布形成的图案。当栅格在程序窗口中显示出来后，用户即可根据栅格分布的范围估算出当前绘图区域的大小了。

【练习1-6】：　练习用 LIMITS 命令设定绘图区域的大小。

1. 选择菜单命令【格式】/【图形界限】，AutoCAD 提示如下。

　　命令: '_limits
　　指定左下角点或 [开(ON)/关(OFF)] <0.0000,0.0000>:100,80
　　　　　　　　　　　　　　//输入一点的 $x$、$y$ 坐标值，或任意单击一点
　　指定右上角点 <420.0000,297.0000>: @150,200
　　　　　　　　　　　　　　//输入另一点的坐标，按 Enter 键

2. 将鼠标指针移动到程序窗口下方的 ▦ 按钮上，单击鼠标右键，选择【设置】命令，打开【草图设置】对话框，取消对【显示超出界限的栅格】复选项的选择，如图 1-13 所示。

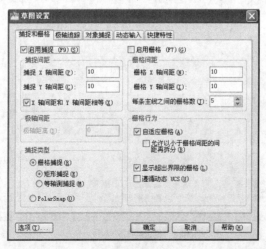

图1-13　栅格设置

3. 关闭【草图设置】对话框，单击▦按钮，打开栅格显示，如图 1-14 所示；再选择菜单命令【视图】/【缩放】/【范围】，如图 1-15 所示；使矩形栅格充满整个程序窗口。

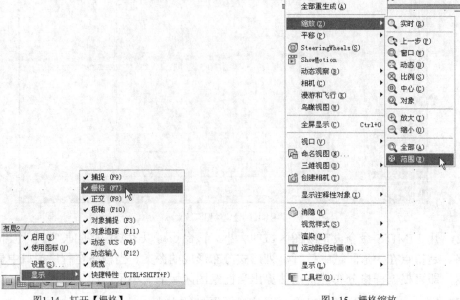

图1-14　打开【栅格】　　　　　　　　　　　　　　图1-15　栅格缩放

4. 选择菜单命令【视图】/【缩放】/【实时】，按住鼠标左键并向下拖动鼠标，使矩形栅格缩小，如图 1-16 所示。该栅格的长宽尺寸是 "150×200"，且左下角点的 $x$、$y$ 坐标为（100,80）。

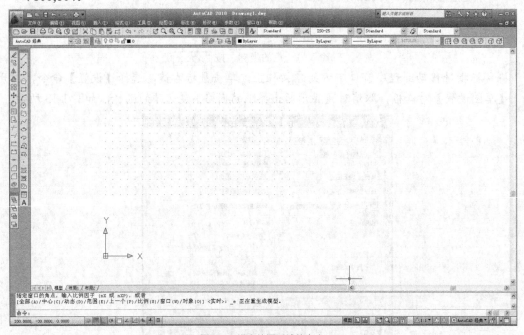

图1-16　设定绘图区域的大小

## 1.2 AutoCAD 多文档设计环境

AutoCAD 从 2000 版开始支持多文档环境，在此环境下，用户可同时打开多个图形文件。图 1-17 所示为打开 6 个图形文件时的界面（窗口层叠）。

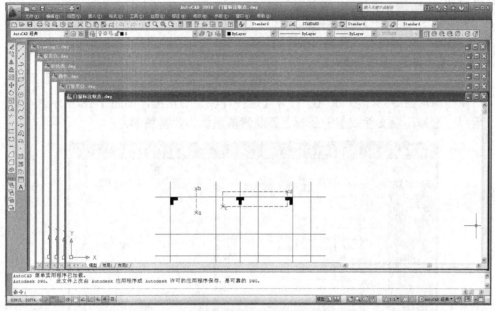

图1-17 多文档设计环境

虽然 AutoCAD 可同时打开多个图形文件，但当前激活的文件只有一个。用户只需在某个文件窗口内单击一点就可激活该文件。此外，也可通过如图 1-17 所示的【窗口】主菜单在各文件间切换。该菜单列出了所有已打开的图形文件，文件名前带符号"√"的是被激活的文件。若用户想激活其他文件，则只需选择对应的文件名。

利用【窗口】主菜单还可控制多个图形文件的显示方式。例如，可将它们以层叠、水平或竖直排列等形式布置在主窗口中。

处于多文档设计环境时，用户可以在不同图形间执行无中断、多任务操作，从而使工作变得更加灵活、方便。例如，设计者正在图形文件 A 中进行操作，当需要进入另一图形文件 B 中作图时，无论 AutoCAD 当前是否正在执行命令，都可以激活另一个窗口进行绘制或编辑，在完成操作并返回图形文件 A 中时，AutoCAD 将继续以前的操作命令。

多文档设计环境具有 Windows 窗口的剪切、复制和粘贴等功能，因而可以快捷地在各个图形文件间复制、移动对象。此外，用户也可直接选择图形实体，然后按住鼠标左键将它拖放到其他图形中去使用。

如果考虑到复制的对象需要在其他的图形中准确定位，则还可在复制对象的同时指定基准点，这样在执行粘贴操作时就可根据基准点将图元复制到正确的位置。

## 1.3 AutoCAD 图形文件管理

图形文件管理一般包括创建新文件，打开已有的图形文件，保存文件及浏览、搜索图形文件，输入及输出其他格式文件等，下面分别进行介绍。

## 1.3.1 新建、打开及保存图形文件

### 一、建立新图形文件

**命令启动方式**

- 菜单命令:【文件】/【新建】。
- 工具栏: 快速访问工具栏上的 按钮。
- : 【新建】/【图形】。
- 命令: NEW。

启动新建图形命令后,AutoCAD 打开【选择样板】对话框,如图 1-18 所示。在该对话框中,用户可选择样板文件或基于公制、英制测量系统创建新图形。

图1-18 【选择样板】对话框

在具体的设计工作中,为使图纸统一,许多项目都需要设定为相同标准,如字体、标注样式、图层及标题栏等。建立标准绘图环境的有效方法是使用样板文件,在样板文件中已经保存了各种标准设置,因此每当建立新图时,就可以以此文件为原型文件,将它的设置复制到当前图样中,使新图具有与样板图相同的作图环境。

AutoCAD 中有许多标准的样板文件,它们都保存在 AutoCAD 安装目录"Template"文件夹中,扩展名为".dwt",用户也可根据需要建立自己的标准样板。

AutoCAD 提供的样板文件分为 6 大类,它们分别对应不同的制图标准。

- ANSI 标准: 美国国家标准化协会。
- DIN 标准: 德国工业标准。
- GB 标准: 中华人民共和国国家标准。
- ISO 标准: 国际标准化组织。
- JIS 标准: 日本工业标准。
- 公制标准: 法国推出的以公制单位为基础的标准。

在【选择样板】对话框的 打开(O) 按钮右侧有一个带箭头的 按钮,单击此按钮,弹出下拉列表,该列表部分选项如下。

- 【无样板打开-英制】：基于英制测量系统创建新图形，AutoCAD 使用内部默认值控制文字、标注、默认线型和填充图案文件等。
- 【无样板打开-公制】：基于公制测量系统创建新图形，AutoCAD 使用内部默认值控制文字、标注、默认线型和填充图案文件等。

## 二、 打开图形文件

### 命令启动方式

- 菜单命令：【文件】/【打开】。
- 工具栏：快速访问工具栏上的 按钮。
- ：【打开】/【图形】。
- 命令：OPEN。

启动打开图形命令后，AutoCAD 打开【选择文件】对话框，如图 1-19 所示。该对话框与 Microsoft Office 2003 中相应对话框的样式及操作方式类似，用户可直接在对话框中选择要打开的文件，或在【文件名】文本框中输入要打开文件的名称（可以包含路径）。此外，还可在文件列表框中通过双击文件名打开文件。该对话框顶部有【查找范围】下拉列表，左边有文件位置列表，用户可利用它们确定要打开文件的位置并打开它。

图1-19 【选择文件】对话框

如果需要根据名称、位置或修改日期等条件来查找文件，可选取【选择文件】对话框【工具】下拉列表中的【查找】选项，此时 AutoCAD 将打开【查找】对话框，在该对话框中，用户可利用某种特定的过滤器在子目录、驱动器、服务器或局域网中搜索所需文件。

## 三、 保存图形文件

将图形文件存入磁盘时，一般采取两种方式，一种是以当前文件名保存图形，另一种是指定新文件名存储图形。

(1) 快速保存命令启动方式。

- 菜单命令：【文件】/【保存】。
- 工具栏：快速访问工具栏上的 按钮。
- ：【保存】。
- 命令：QSAVE。

发出快速保存命令后，系统将当前图形文件以原文件名直接存入磁盘，而不会给用户任何提示。若当前图形文件名是默认名且是第一次存储文件，则 AutoCAD 弹出【图形另存为】对话框，如图 1-20 所示，在该对话框中可指定文件的存储位置、文件类型及输入新文件名。

图1-20　【图形另存为】对话框

(2) 换名存盘命令启动方式。

- 菜单命令:【文件】/【另存为】。
- :【另存为】。
- 命令: SAVEAS。

启动换名保存命令后，AutoCAD 打开【图形另存为】对话框，如图 1-20 所示。在该对话框的【文件名】文本框中输入新文件名，并可在【保存于】及【文件类型】下拉列表中分别设定文件的存储目录和类型。

## 1.3.2　输入及输出其他格式的文件

AutoCAD 2010 提供了图形输入与输出接口，这不仅可以将其他应用程序中处理好的数据传送给 AutoCAD，以显示其图形，还可以把它们的信息传送给其他应用程序。

### 一、输入不同格式的文件

**命令启动方式**

- 菜单命令:【文件】/【输入】。
- 工具栏:【插入点】工具栏上的 按钮。
- 面板:【输入】面板上的 按钮。
- 命令: IMPORT。

启动输入命令后，AutoCAD 打开【输入文件】对话框，在其中的【文件类型】下拉列表中可以看到，系统允许输入图元文件、ACIS 及 3D Studio 图形等格式的文件，如图 1-21 所示。

图1-21　【输入文件】对话框

## 二、　输出不同格式的文件

**命令启动方式**

- 菜单命令:【文件】/【输出】。
- 命令:EXPORT。

启动输出命令后,AutoCAD 打开【输出数据】对话框,如图 1-22 所示。用户可以在【保存于】下拉列表中设置文件输出的路径,在【文件名】文本框中输入文件名称,在【文件类型】下拉列表中选择文件的输出类型,如图元文件、ACIS、平板印刷、封装 PS、DXX 提取、位图及块等。

图1-22　【输出数据】对话框

# 第2章 TArch 8.5 软件的基本操作

## 【学习指导】

- 熟悉 TArch 8.5 的工作界面。
- 掌握 TArch 8.5 的命令调用方式。
- 了解建筑设计的流程。
- 了解图形的绘制与编辑。

本章主要向读者介绍 TArch 8.5 绘图界面的基础内容，简要介绍部分命令操作方式、建筑绘图的流程图及部分绘图工具的使用方法。

## 2.1 TArch 8.5 的基础内容

本节将向读者介绍 TArch 8.5 的工作界面，让读者对 TArch 8.5 有一个初步了解。本章重点介绍绘图命令的调用方式，熟练掌握命令启动方式对提高绘图效率有很大的帮助。

### 2.1.1 TArch 8.5 的用户界面

TArch 8.5 保留了 AutoCAD 2010 的所有下拉菜单和工具栏，新增了独立的天正菜单系统，包括屏幕菜单和快捷菜单，如图 2-1 所示。

TArch 8.5 的用户界面与之前使用的版本有些不同，但是其具体操作步骤和功能方面并没有太大的变化，TArch 8.5在这里为方便老用户操作，可以进行不同界面之间的相互转换，单击状态栏中的 二维草图与注释 按钮，显示如图2-2所示，用户可在二维草图与注释、三维建模和 AutoCAD 经典等工作空间根据自己的需要进行相关转换，一般建议选用【AutoCAD 经典】工作空间，选择 AutoCAD 经典模式，就可进入我们常用的绘图界面。

**一、 屏幕菜单**

TArch 8.5 所有功能的调用可以在天正的屏幕菜单上找到，并以树状结构显示多级子菜单。

所有的分支菜单都可以通过单击进入并置为当前菜单，也可以通过单击鼠标右键弹出快捷菜单。大部分菜单项都有图标，以方便用户更快确定菜单项的位置。

当鼠标指针移动到菜单项上时，AutoCAD 2010 状态行就会出现该菜单项的功能提示，在 TArch 8.5 中，右击菜单项可以打开在线帮助文件，显示该命令的帮助内容。

屏幕菜单以树状结构列出天正的所有功能，为简洁起见，菜单项一般不在其他菜单分支中重复出现。但是有些菜单项可有多种用途，经常需要和其他菜单一起使用。为了方便起见，在屏幕菜单的底部以两条分隔线隔开，表示引用其他菜单分支下的命令，如"楼梯其他"菜单中的"箭头引注"即引用了"符号标注"菜单中的命令。

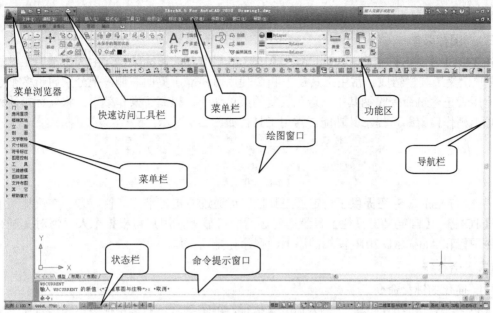

图2-1　TArch 8.5 的用户界面

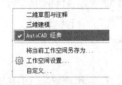

图2-2　切换工作空间

## 二、　快捷菜单

快捷菜单又称右键菜单，在 AutoCAD 2010 绘图区，单击鼠标右键（简称右击）时弹出。图 2-3 所示为标注快捷菜单。

图2-3　标注快捷菜单

快捷菜单可根据当前预选对象确定菜单内容，当没有任何预选对象时，快捷菜单则会弹出最常用的功能，否则根据所选对象列出相关的命令。当鼠标指针在菜单项上移动时，AutoCAD 2010 状态行会给出当前菜单项的使用说明。天正的有些命令需要利用预选对象，有些则不利用预选对象。对于单选对象，如果命令与单击位置无关，则利用预选对象（如对象编辑），否则还要提示选择对象（如轴网标注）。

### 三、图标菜单

在 TArch 8.5 中添加了与 AutoCAD 2010 工具栏兼容的图标菜单，由 3 个常用工具栏及 1 个用户定义工具栏组成。常用工具栏 1 和 2 使用时停靠于界面右侧，把分别属于多个子菜单的常用天正建筑命令收纳其中，避免反复的菜单切换，提高了操作效率。将鼠标指针移到菜单项上稍作停留即可提示其功能。常用工具栏如图 2-4 所示。

图2-4　常用工具栏

另外，TArch 8.5 还提供了自定义工具栏，可通过右击标准工具栏右方，在快捷菜单中选择【TCH】/【自定义工具栏】目录，勾选后即可显示，用户可根据个人习惯对其进行天正命令图标和 AutoCAD 2010 图标的添加、删除与排列操作。

### 四、命令行

(1) 简化的键盘命令。

天正大部分功能都可以通过键入命令来执行，屏幕菜单、右键快捷菜单和键盘命令 3 种形式调用命令的效果是相同的。键盘命令以全称简化的方式提供，例如，【绘制轴网】命令对应的键盘简化命令是 HZZW，采用汉字拼音的第一个字母组成。少数功能只能通过菜单选择，不能以命令行键入，如状态开关等。

(2) 命令交互的热键选项。

TArch 8.5 对命令行提示风格进行了一些规范，以下列命令为例。

指定墙、柱、墙体造型保温一侧或 [内保温(I)/外保温(E)/消保温层(D)/保温层厚(当前 =80)(T)]<退出>:

方括号之前为当前的操作提示，方括号内为其他可选项，键入括号内的字母热键后能够直接激活可选项功能。

(3) 选择对象的原则。

要求单选对象时，遵循前述命令行交互风格。

请选择起始轴线<退出>:

多选对象时，由于可以多次选择，因此没有提示默认动作，按 $\boxed{\text{Enter}}$ 键可结束对象选择。如果什么都没有选择，一般是退出当前命令或命令分支。

## 2.1.2　命令调用方式

启动 TArch 8.5 命令的方式一般有 3 种，下面就拿"轴网标注"命令举例。

(1) 在菜单栏中选择命令，如【轴网柱子】/【轴网标注】。
(2) 在命令行中输入命令全称或简称，如 T81_TAxisDim2p 或 ZWBZ。
(3) 用工具栏上单击命令按钮，如 ꣹。

在命令行中输入命令全称或简称即可让 TArch 8.5 执行相应命令。

一个典型的命令执行过程如下。

命令: T81_TAxisDim2p

请选择起始轴线<退出>:　　　　　　　　　　//单击起始轴线

请选择终止轴线<退出>：　　　　　　　//单击终止轴线

请选择不需要标注的轴线：　　　　　　//按 Enter 键或单击鼠标右键结束

TArch 8.5 的命令执行过程是交互式的，当用户输入命令后，需按 Enter 键确认，系统才执行该命令。而执行过程中，TArch 8.5 有时要等待用户输入必要的绘图参数，如输入命令选项、点的坐标或其他几何数据等，输入完成后，也要按 Enter 键，才能继续执行下一步操作。

## 2.2　流程图

本节主要讲述绘制一套完整的设计图纸应该采取的基本步骤，有助于初学者在绘图时对设计形成系统性的概念。

### 2.2.1　建筑设计的流程图

图 2-5 是包括日照分析与节能设计在内的建筑设计流程图。

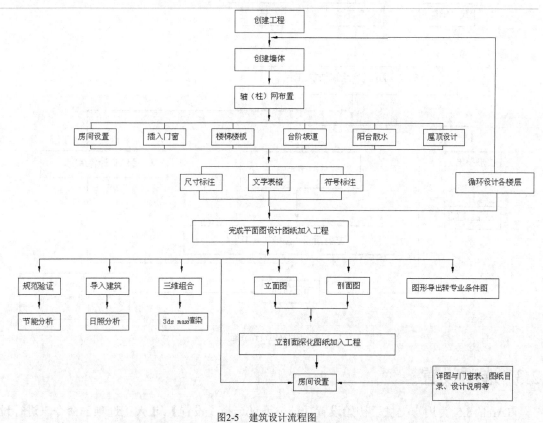

图2-5　建筑设计流程图

TArch 8.5 可支持建筑设计各个阶段的需求，无论是初期的方案设计还是最后阶段的施工图设计，设计图纸的绘制详细程度（设计深度）取决于设计需求，由设计者自己把握，而不需要通过切换软件的菜单来选择。TArch 8.5 并没有先三维建模、后做施工图设计的要求，除了具有因果关系的步骤必须严格遵守外，操作上没有严格的先后顺序限制。

## 2.2.2　室内设计的流程图

　　TArch 8.5 可支持室内设计的需求，一般室内设计只需要考虑本楼层的绘图，不必进行多个楼层的组合，设计流程相对简单，装修立面图实际上使用剖面命令生成。

　　图 2-6 所示是室内设计的流程图。

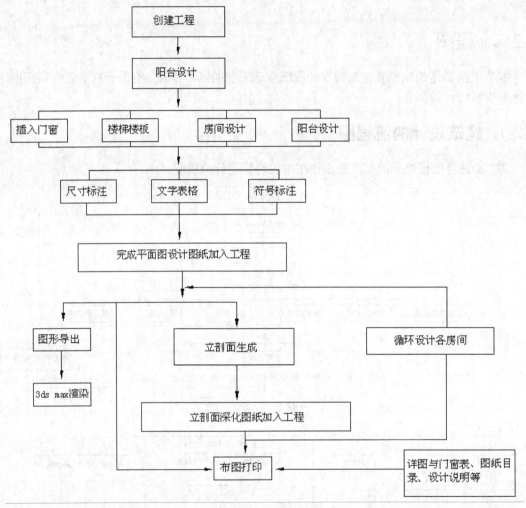

图2-6　室内设计流程图

# 2.3　选项设置

　　TArch 8.5 为用户提供了初始设置功能，通过选择【设置】/【天正选项】命令来进行设置，分为【基本设定】、【加粗填充】及【高级选项】3 个页面。

- 【基本设定】：用于设置系统的基本参数和命令默认执行效果，用户可以根据工程的实际要求对其中的内容进行设定，如图 2-7 所示。

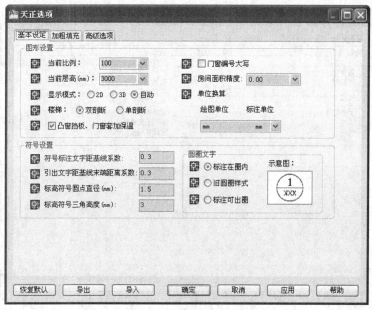

图2-7 　【基本设定】选项卡

- 【加粗填充】：专用于墙体与柱子的填充，提供各种填充图案和加粗线宽，并有标准和详图两个级别，由用户通过当前比例给出界定，当前比例大于设置的比例界限，就会从一种填充与加粗选择进入另一种填充与加粗选择，有效地满足了施工图中不同图纸类型填充与加粗详细程度不同的要求，如图 2-8 所示。

图2-8 　【加粗填充】选项卡

- 【高级选项】：用户可以通过电子表格 TArch 8.5 的系统参数进行自由配置，使系统能更加灵活地满足用户个性化的需求，如图 2-9 所示。

图2-9　【高级选项】选项卡

## 2.4　TArch 菜单

TArch 8.5 提供了方便的智能化菜单系统，采用 256 色图标的新式菜单，图文并茂、层次清晰、折叠结构，支持鼠标滚轮操作，使子菜单之间切换更加快捷。TArch 菜单的右键功能比较丰富，可执行命令帮助、目录跳转、启动命令及自定义等操作。在绘图过程中，右键快捷菜单能感知选择对象类型，弹出相关编辑菜单，可以随意定制个性化菜单以适应用户习惯，其汉语拼音快捷命令使绘图更快捷，图 2-10 所示为 TArch 菜单的风格。

图2-10　TArch 菜单的风格

TArch 菜单在 AutoCAD 2004 及以后的版本下支持自动隐藏功能，在鼠标指针离开菜单后，菜单可自动隐藏为一个标题，鼠标指针进入标题后随即自动展开菜单，节省了宝贵的屏幕作图空间。该菜单在 AutoCAD 2010 平台设为自动隐藏的同时还可停靠。

从设计风格区分，每一个菜单都有折叠风格和推拉风格可选，两者区别如下。

折叠风格是使下层子菜单缩到最短，菜单过长时自行展开，切换上层菜单后滚动根菜单。

推拉风格是使下层子菜单长度保持一致，菜单项少时补白，过长时使用滚动选取，菜单不展开。

从菜单格式区分，共有标准菜单、经典菜单和 TArch 8 菜单 3 个不同的菜单。

## 2.5 文字内容的在位编辑

- 启动在位编辑：对标有文字的对象，可以直接双击文字本身，如各种符号标注。对还没有标注文字的对象，用鼠标右键单击该对象，从弹出的快捷菜单中选择【在位编辑】命令启动，如没有编号的门窗对象，对轴号或表格对象，可以双击轴号或单元格内部。
- 在位编辑选项：如图 2-11 所示，用鼠标右键单击编辑框外部区域启动快捷菜单，文字编辑时菜单内容为特殊文字输入命令，轴号编辑时菜单内容为轴号排序命令等。

图2-11 在位编辑

- 取消在位编辑：按 Esc 键或在快捷菜单中选择【取消】命令。
- 确定在位编辑：单击编辑框外的任何位置，或在快捷菜单中选择【确定】命令，或在编辑单行文字时按 Enter 键。
- 切换编辑字段：对存在多个字段的对象，可以通过按 Tab 键切换当前编辑字段，如切换表格的单元、轴号的各圈号、坐标的数值（$x$ 或 $y$）等。

## 2.6 多平台的对象动态输入方法

AutoCAD 2010 有对象动态输入编辑的交互方式，TArch 将其全面应用到 TArch 对象，适用于 AutoCAD 2010 平台，这种在图形上直接输入对象尺寸的编辑方式，有利于提高绘图效率。图 2-12 所示为动态修改门窗垛尺寸。

图2-12　动态修改门窗垛尺寸

## 2.7　门窗与尺寸标注的智能联动

TArch 8.5 提供门窗编辑与门窗尺寸标注的联动功能，在对门窗宽度进行编辑，包括门窗移动、夹点改宽、对象编辑、特性编辑和格式刷特性匹配，使得门窗宽度发生线性变化时，线性尺寸标注将随门窗的改变联动更新。

门窗的联动范围取决于尺寸对象的联动范围设定，即由起始尺寸界线、终止尺寸界线，以及尺寸线和尺寸关联夹点所围合范围内的门窗才会联动。图 2-14 中方框是尺寸关联夹点，沿着尺寸标注对象的起点、中点和结束点另一侧共提供 3 个尺寸关联夹点，其位置可以通过鼠标拖曳进行改变，对于任何一个或多个尺寸对象可以在特性表中设置联动是否启用，如图 2-13 所示。

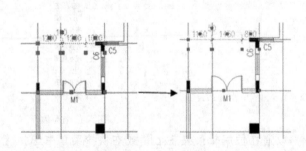

图2-13　尺寸标注的智能联动

## 2.8　文字表格的使用方法

TArch 8.5 的自定义文字对象可方便地书写和修改中西文混排文字，方便地输入和变换文字的上下标、输入特殊字符、书写加圈文字等。文字对象可分别调整中西文字体各自的宽高比例，修正 AutoCAD 2010 所使用的两类字体（*.shx 与*.ttf）中英文实际字高不等的问题，使中西文字混合标注符合国家制图标准的要求。此外，天正文字还可以通过设定对背景进行屏蔽，以获得清晰的图面效果。

TArch 的在位编辑文字功能为整个图形中的文字编辑服务，双击文字进入编辑框，编辑操作非常方便，如图 2-14 所示。

图2-14 在位编辑文字功能

TArch 表格使用了先进的表格对象，其交互界面类似 Excel 的电子表格编辑界面，如图 2-15 所示。表格对象具有层次结构，用户可以完整地把握控制表格的外观表现，制作出个性化的表格。更值得一提的是，TArch 表格还实现了与 Excel 的数据双向交换，使工程制表同办公制表一样方便、高效。

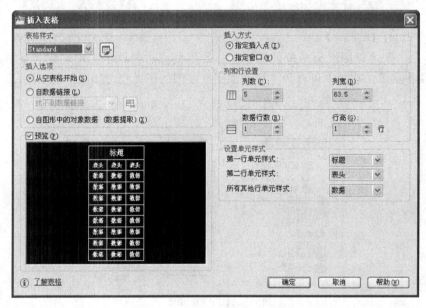

图2-15 【插入表格】对话框

## 2.9 工程管理工具的使用方法

工程管理工具是管理同属于一个工程下的图纸（图形文件）的工具，选择菜单命令【文件布图】/【工程管理】，系统打开一个面板，如图 2-16 所示。

单击界面最上方的下拉列表 ，如图 2-17 所示，其中可以选择打开工程、新建工程等命令。为保证与旧版兼容，特地提供了【导入楼层表】与【导出楼层表】命令。

下面用【新建工程】命令为当前图形建立一个新的工程，并为工程命名（如某酒店建筑工程）。

该面板下方又中分为图纸栏、楼层栏、属性栏，图纸栏中预设有平面图、立面图等多种图形类别，下面先介绍一下图纸栏的使用方法。

图2-16　【工程管理】面板

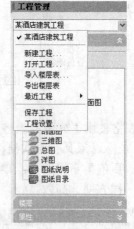

图2-17　新建工程或导入楼层表

　　图纸栏用于管理以图纸为单位的图形文件，用鼠标右键单击工程名称"某酒店建筑工程"，弹出快捷菜单，在其中可以为工程添加图纸或添加子类别，如图 2-18 所示。

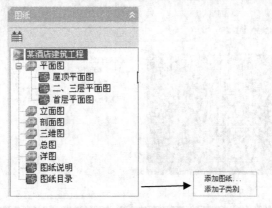

图2-18　为工程添加图纸

　　在工程的任意类别上单击鼠标右键，弹出的快捷菜单中的功能也是添加图纸或分类，同时还可以把已有图纸分类重命名或移除等，如图 2-19 所示。

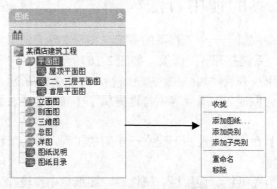

图2-19　为工程任意类别添加图纸

　　单击 添加图纸... 命令，弹出如图 2-20 所示的【选择图纸】对话框，在其中逐个加入属于该类别的图形文件。注意，事先应该把同一个工程的图形文件放在同一个文件夹下。

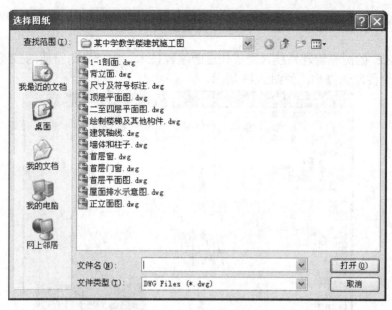

图2-20 【选择图纸】对话框

在 TArch 8.5 中，以楼层栏中的楼层工具图标命令控制属于同一工程中的各个标准层平面图，允许不同的标准层存放于一个图形文件中，通过图 2-21 所示的第二个图标命令，可以在本图中框选标准层的区域范围，具体命令的使用详见立面、剖面等命令。

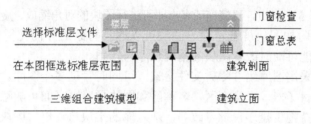

图2-21 楼层栏中的工具图标命令

在下面的楼层表中输入"起始层号-结束层号"，定义为一个标准层，并取得层高，双击图 2-23 左侧的 ▶ 按钮可以随时在本图预览框中查看所选择的标准层范围；对不在本图的标准层，单击空白文件名右侧的□按钮，单击该按钮后，在【选择标准图形文件】对话框中以普通文件选取方式选择图形文件，如图 2-22 所示。

图2-22 楼层表的创建

## 2.10　图库管理系统和图块功能

TArch 8.5 的图库管理系统采用了先进的编程技术，支持贴附材质的多视图图块，支持同时打开多个图库的操作，如图 2-23 所示。

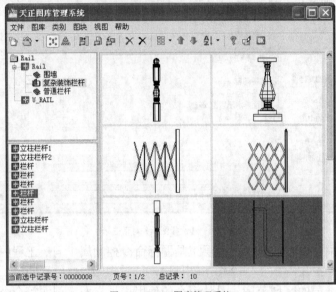

图2-23　TArch 图库管理系统

TArch 图块提供了 5 个夹点，直接拖动夹点即可进行图块的对角缩放、旋转和移动等变化。

TArch 可对图块附加图块屏蔽特性，图块可以遮挡背景对象而无需对背景对象进行裁剪。通过对象编辑功能可随时改变图块的精确尺寸与转角。

天正的图库系统采用图库组 TKW 文件格式，可同时管理多个图库。分类明晰的树状目录使整个图库结构一目了然。在类别区、名称区和图块预览区之间可随意调整最佳可视大小及相对位置，图块支持拖曳排序，批量改名，新入库的土块自动以"图块长×图块宽"的格式命名等，最大限度地方便了用户。

图库管理界面采用了平面化图标工具栏和菜单栏，符合流行软件的外观风格与使用习惯。由于各个图库是独立的，系统图库和用户图库分别由系统和用户维护，便于版本升级。

# 第3章 TArch 8.5 与 AutoCAD 2010 的兼容问题

【学习指导】

- 了解 TArch 8.5 与 AutoCAD 2010 的兼容问题。
- 了解 AutoCAD 2010 与操作系统的兼容问题。
- 了解不同语言版本产生的图形文件的兼容问题。

AutoCAD 2010 使用了不同的加密技术，在 Windows 的各个中文版本上的安装情况是比较复杂的，因此也就产生了与 Windows 安装的兼容问题。

随着 AutoCAD 图形平台版本升级，旧版本无法兼容新版本下的图形格式，并且还存在多语言环境代码页的问题及繁体版 AutoCAD 绘制的图形导致的乱码问题，本章将详细介绍各种 DWG 文件兼容问题产生的原因，并提出各种图形转换的解决方案。

## 3.1 Autodesk 公司支持 TArch 8.5 的产品

Autodesk 公司推出了一些列的绘图软件，并不是所有软件都支持 TArch 8.5，TArch 8.5 有自己的绘图平台，下面对此做简要介绍。

### 3.1.1 图形平台必须支持 ARX 技术

由于 TArch 8.5 是利用 Autodesk 公司 ObjectARX 技术的 CAD 对象类库所开发的 ARX 应用程序，必须在 Autodesk 支持 ARX 技术的平台产品上运行。使用其他公司技术开发的 AutoCAD 兼容平台产品，如 ICAD、ZWCAD 等，尽管可以打开 AutoCAD 的图形文件进行编辑，但是这些系统不支持 ARX 技术，TArch 8.5 无法在这些系统上运行，同样因为它们不支持 TArch 的插件，即使能打开 TArch 8.5 保存的 AutoCAD 2010 格式的文件，也不能正常显示 TArch 8.5 所绘制的建筑对象。

即使是 Autodesk 公司的 AutoCAD LT 系列绘图软件，如 AutoCAD LT200X 等也只能用于一般绘图，因为这些软件不支持基于 ARX 技术开发的专业应用程序运行，所以也不能运行 TArch。能运行后缀名为.ARX 应用程序的 AutoCAD 2010 平台产品以 Appload 命令加载/卸载文件类型为"ObjectARX 文件（*.arx）"的文件。

非 AutoCAD 系列的 Autodesk 公司产品，如 3D Studio Max、3D Studio VIZ 系列因为不支持 ARX 应用程序，因此不能正常支持 TArch。

### 3.1.2　支持 TArch 8.5 的图形平台

自从 AutoCAD 200X 问世以来，所销售的 AutoCAD 平台产品版本不断更新，如 AutoCAD 2004、AutoCAD 2005 及 AutoCAD 2010 以后的产品都可以支持 TArch 8.5。

除了 AutoCAD 2010 外，Autodesk 公司还基于 AutoCAD 2010 本身发展了多个系列的专业应用软件。在所有支持 TArch 8.5 的 AutoCAD 平台之中，笔者推荐的是 AutoCAD 2010 简体中文版本，它切换到 AutoCAD 经典工作空间后，跟之前熟知的操作界面几乎相同，便于读者快速、熟练地应用该软件。

值得一提的是 ADT 2004、ADT 2005 中附带有 VIZ Render 渲染软件，这个软件是 3ds Max 的简化版本，可以为天正的三维建模提供强大的渲染支持。

## 3.2　AutoCAD 2010 与操作系统的兼容性问题

AutoCAD 2010 除了英文版以外，也针对不同国家和地区开发出了各种符合当地语言的 AutoCAD 2010，如中文版就有简体中文版和繁体中文版之分，这些都是可以支持 TArch 8.5 的平台，因为 TArch 本身菜单与对话框都是简体中文版的，所以要求操作系统也能支持简体中文的显示，对 AutoCAD 2010 的语言版本没有严格要求，当然首先是希望用户的操作系统加载有简体中文语言包，具有简体中文版的显示能力。根据当前操作系统的发展，Windows XP、Windows Vista 和 Windows 7 都支持世界通用的语言编码 Unicode，只要添加各种语言包就可以显示多种语言，Windows XP 操作系统与 AutoCAD 2010 的兼容性已得到很好的解决，在这里就不赘述了，下面主要就 Windows Vista 和 Windows 7 操作系统与 AutoCAD 2010 的兼容性做一下介绍。

### 3.2.1　Windows Vista 下 AutoCAD 2010 的兼容性

安装 AutoCAD 2010 后，若遇到与 Windows Vista 产生不兼容问题，解决的方法如下。

待 AutoCAD 2010 安装完成后，找到安装目录下的可执行文件.exe，然后单击鼠标右键，选择【属性】命令，如图 3-1 所示，打开【属性】对话框。在【兼容性】选项卡中，选中【用兼容模式运行这个程序】选项，并在下拉列表中选择 Windows 2000，再单击"确定"按钮，如图 3-2 所示。

图3-1　选择【属性】命令

图3-2　【兼容性】选项卡

### 3.2.2　Windows 7 下 AutoCAD 2010 的兼容性

在 Windows 7 系统中，安装 AutoCAD 2010 是完全兼容的，AutoCAD 2010 在此系统中不需要以兼容模式运行，但会提示不兼容信息，在此以 AutoCAD 2010 的安装兼容性问题为例，简述一下解决方法。

直接在 AutoCAD 2010 的安装光盘里找到 Bin\acadFeui\acad.msi，单击鼠标右键，选择【兼容性疑难解答】命令，弹出如图 3-3 所示的【程序兼容性】对话框，单击 `启动程序…` 按钮，这样就可以直接安装。待安装完成后，再在【程序兼容性】对话框中单击 `下一步(N)` 按钮，直至单击 `完成(F)` 按钮。

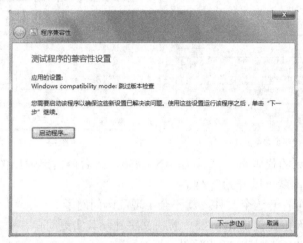

图3-3　【程序兼容性】对话框

## 3.3　图形文件的兼容与升级问题

我们在平时的绘图中经常会遇见不同版本绘制的图形文件不兼容的问题，有时即使打开也会出现字体乱码等现象，这都归因于图形文件的兼容问题。

### 3.3.1　代码页的兼容问题

大家都知道 AutoCAD 的各版本图形文件都是向下兼容的，而且从 AutoCAD 2005 到 2010 的图形文件都是通用的，新版本读 R14 以下文件主要存在代码页之间的兼容问题，在 R14 及以前版本，采用的代码页是 DOS437 格式，没有使用简、繁体通用的文字编码技术 Unicode。因此往往 R14 版本下绘制的图形文件到了 AutoCAD 2005 以上版本会出现文字乱码现象，即使同样是在简体中文版 Windows 下安装的 AutoCAD 绘制也会遇到乱码的问题，为此 Autodesk 公司在中国网站上提供了一个解决代码页冲突的图形文字转换程序 wnewcp2000.exe。

进入 Autodesk 公司中国网站 http://www.autodesk.com.cn 下载代码页转换程序 wnewcp2000.exe，该软件直接在 Windows 下运行。

运行 wnewcp2000.exe，转换 DWG 图形文件，该程序界面如图 3-4 所示，在其中先指定打算转换代码页的图形文件路径，如果很多文件需要转换，可以单击 `Browse…` 按钮，在

【Browse Options】对话框中单击左边的 Browse Directory 按钮，指定一个文件夹，对该文件夹内的
图形全体转换，右边的 Browse File 按钮用于转换单个文件，如图 3-5 所示。

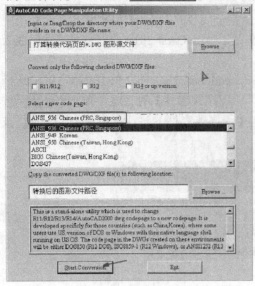

图3-4　代码页转换工具

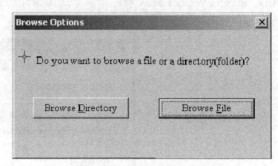

图3-5　转换目录或者转换文件

接着选择转换到的代码页，默认为 ANSI936。然后再指定输出的目标文件夹，最后单
击 Start Conversion 按钮，就可以开始转换了。

转换成功后，再打开这个文件，就不会出现乱码问题了。

如果用户使用天正建筑 TArch 8.5，解决文字乱码其实更简单。

（1）　进入天正 TArch 8.5，打开新图。

（2）　输入 t61_topen，这时照平常的浏览文件方式打开原来乱码的图形文件，天正内核
即可纠正代码页不正确的图形，乱码问题就自动解决了。

## 3.3.2　图形文件的逆向兼容

在 AutoCAD 软件系列中，图形文件是每隔几个版本就可能更新格式的，旧版本的
AutoCAD 是不能读比它更新的版本格式的图形文件的，当然有几个 AutoCAD 版本升级后依
然保持了文件的兼容性，例如，目前 AutoCAD 2005 版本依然可以读取 2010 版本的图形文
件（都属于 R16 系列），以前的 R12 也可以读取 R13 版本的图形文件，如表 3-1 所示。

表 3-1　　　　　　　　　　　　AutoCAD 图形文件的兼容性

| AutoCAD 版本 | 2004~2010 | 2000~2002 | R14 | R13 | R12 | R10~R11 |
|---|---|---|---|---|---|---|
| DWG 文件版本 | R16 | R15 | R14 | R13 | R12 | R11 |

设计单位中安装的 AutoCAD 版本是不可能做到统一升级的，目前所使用的 AutoCAD
图形文件按版本划分，就是从 R14~R16 三代图形格式共存的混乱局面。用得比较多的是
R16 的格式。由于一些专业安装的 AutoCAD 版本依然较低，在建筑专业升级到 R15
（R16）的情况下，存在一个逆向兼容问题，如果需要把 AutoCAD 2010 的文件传送给 R14
的用户使用，必须使用 DWG 格式转换功能，随着 AutoCAD 版本的升级，这个问题变得日
益复杂起来。

在 AutoCAD 2010 的【图形另存为】对话框下部，有一个【文件类型】下拉列表，如图 3-6 所示，用户需要另存低版本时，从中选取【AutoCAD 2004/LT2004 图形（*.dwg）】选项，然后单击 保存(S) 按钮即可把当前图保存为低版本的格式。

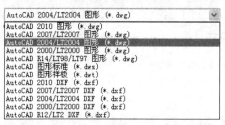

图3-6  文件类型

AutoCAD 2004～AutoCAD 2010 的用户没那么幸运，由于商业策略的需要，2004 以上的 AutoCAD 不再提供另存为 R14 的格式转换，而在我国的确无法保证设计单位的 AutoCAD 全面升级到同一个高版本，很多情况下都必须在计算机上安装有 2002 版的 AutoCAD，主要用于向 R14 用户转换 DWG 文件。

除了使用【另存为】命令外，如果用户使用 AutoCAD 2010，但总是要将文件存储为 2004 版本的格式，那么还可以在 AutoCAD 单面预设，方法是选择【工具】/【选项】命令，打开【选项】对话框，在【打开和保存】选项卡的【另存为】下拉列表中选择【AutoCAD 2004/LT2004 图形（*.dwg）】选项，如图 3-7 所示，这样只要存盘，就不必担心了，系统总是把当前文件以 2004 版本格式保存。

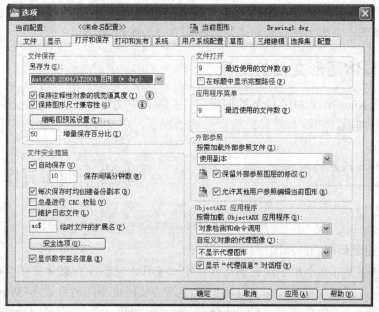

图3-7  图形文件格式的预设

当然，在互联网上还可以找到一些 CAD 文件转换工具，可以成批直接转换 DWG 文件的格式，首先 Autodesk 公司就提供了批量转换程序 Autodesk Batch Drawing Converter 的免费下载，该程序可对 DWG 文件各版本之间进行批量的双向转换，程序界面如图 3-8 所示。

图3-8　图形文件格式的批量转换

应注意的是，由于 TArch 8.5 版本使用的自定义对象无法被 Autodesk 的转换程序所识别，这个批量转换程序无法用于直接转换 TArch 8.5 的 2010 版本 DWG 文件，不过可以通过【另存旧版】与【批量转旧】命令先转为 AutoCAD 标准对象，再使用这个程序就方便多了。

国内的图形文档使用多布局的在建筑工程中比较少见，只有一些大型装饰工程上使用多布局表示吊顶图、平面图及照明和消防等不同专业的图纸。

### 3.3.3　简繁体图形文档的交流

繁体中文 AutoCAD 2010 绘制的图形文件在简体中文环境下会产生无法识别图形文件中的中文字符的问题，在没有得到正确识别的情况下，中文注写符号会出现乱码字符，如图3-9 所示。

？？？？？？？1？20
**教室平面布置图 1：20**

（a）汉字标注显示乱码字符　　　　　　　　　　　　（b）汉字标注被正确识别

图3-9　繁体文字的兼容性

#### 一、　发生乱码问题的原因

乱码的产生并非完全由于缺乏繁体汉字字体文件，常常在有繁体汉字字体支持的情况下也会出现乱码，原因主要是图形文件中的汉字是由代码页不同语言版本 Windows 输入的，繁体中文 Windows 的代码页（Codepage）是 ANSI950，简体中文 Windows 的代码页是 ANSI936，在这样的环境下，AutoCAD 2010 绘制的图形中输入的中文字符相互不能兼容，目前产生乱码问题的主要是采用非 Unicode 编码的 AutoCAD R14 版本绘制的图形文件。

为了解决不同汉字地区图形文档的交流问题，AutoCAD 2010 软件内部对各种语言的文字内码记录采用了 Unicode 的编码方式，所以如果使用 AutoCAD 2010 版本绘图，同时使用 Windows 的 ttf 字体（如宋体），简体与繁体是可以共存的，而且 AutoCAD 2010 中文版均同时安装了简体和繁体两套字体，即使字体不同，AutoCAD 2010 也可以使用 chineset 字体进行替代，如表 3-2 所示。当输入繁体汉字时要使用支持 Big5 码的微软拼音等输入法，并设置为输入繁体状态。

表 3-2　　　　　　　　　　　AutoCAD 2010 简体中文版附带的中文字体

| 文件名 | 文件大小 | 文件内容 |
| --- | --- | --- |
| chineset.shx | 650KB | 繁体宋体，中文字体文件 |
| gbcbig.shx | 882KB | 简体仿宋，中文字体文件 |

如果图形发送和接受双方都是使用 AutoCAD 2010 版本，经过字体设置，是能做到同时显示繁体和简体的，但是 AutoCAD 2010 不支持繁体和简体之间的文字转换，可以利用菜单命令【文字表格】/【繁简转换】进行转换，如图 3-10 所示。

图3-10　【繁简转换】命令

**二、　如何解决繁体版图形文件的乱码问题**

(1)　遇到繁体图形文件的时候，首先看是否加载时缺乏繁体汉字的字体文件库，在中国港台地区，习惯使用的汉字字体文件并非 chineset.shx，而是 stsl.shx，如果打开图形时提示缺乏 stsl.shx 字体，应该为这个缺少的字体指定一个替换字体，此时可以选择 chineset.shx 字体，然后单击 确定 按钮，打开图形。

(2)　进入 AutoCAD 2010 后，确认繁体中文字体已经存在，看汉字能否正常显示，如果汉字标注显示为乱码字符，说明该文件很可能是代码页 ANSI950 的图形文件，必须按第 3.3.1 小节中介绍的方法对图形文件进行代码页的转换，然后才能正确打开。

(3)　如果用户使用英文版的 AutoCAD 2010，没有安装 chineset.shx 字体，只能单击【取消】按钮，进入 AutoCAD 2010 界面后，再设法把缺少的字体复制到 AutoCAD 2010/fonts 文件夹下，然后在命令行输入 Style 命令，再为使用 stsl.shx 字体的文字样式重新指定 chineset.shx 字体。

当然，也可以关闭该文件，待补充 stsl.shx 或者 chineset.shx 字体文件后，再次用 Open 命令打开这个文件，这时字体就会自动加载了。

为了避免产生汉字不兼容的问题，近年来很多使用中文繁体版软件的设计单位已经逐渐改用支持 Unicode 的 Windows 汉字 ttf 字体文字样式。

### 3.3.4　注意更新 AutoCAD 最新补丁程序

　　Autodesk 公司会在网站提供产品服务包（补丁程序），针对软件的缺陷进行修正，用户应该经常浏览 www.autodesk.com 网站，下载与平台匹配的补丁对 AutoCAD 2010 平台进行修补，AutoCAD 从 2004 版开始有了自动更新的功能，如果 AutoCAD 2010 软件在运行时是联网的，可通过单击 AutoCAD 2010 状态栏的 ⚡ 按钮自动更新，弹出的下拉列表如图 3-11 所示。

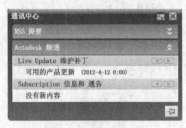

图3-11　【通讯中心】下拉列表

# 第2部分　某居民楼建筑平面图详解

第 2 部分主要通过介绍一座居民楼首层建筑平面图的绘制过程来熟悉 TArch 8.5 绘图的基本操作过程，主要包括轴网、墙体、柱网、门窗、室内/外构件及标注等内容，通过对本部分的学习，读者可以熟练地运用 TArch 8.5 来绘制建筑图。

# 第4章 轴网平面图

【学习指导】

- 了解轴网的概念。
- 熟悉天正建筑的菜单结构。
- 熟悉图形初始化的内容。
- 掌握轴网的绘图方法。
- 掌握轴号编辑命令与对象编辑功能。

轴网是由两组到多组轴线与轴号、尺寸标注组成的平面网格，是建筑物单体平面布置和墙柱构件定位的依据。完整的轴网是由轴线、轴号和尺寸标注3个相对独立的系统构成的。

## 4.1 图形初始化

双击桌面上的天正建筑图标，直接进入"天正建筑 8.5 For AutoCAD 2010"的绘图界面，选择菜单命令【文件】/【新建】，可以打开【选择样板】对话框，如图 4-1 所示。选择"ACAD.DWT"文件，单击 打开(0) 按钮，即可新建"Drawing.dwg"文件。

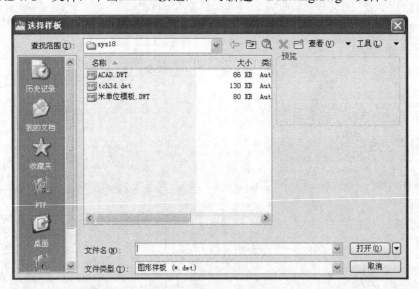

图4-1 【选择样板】对话框

进入 TArch 绘图界面后，选择绘图界面左边菜单栏中的【设置】/【天正选项】命令，如图 4-2 所示；打开【天正选项】对话框，选择【基本设定】选项卡，如图 4-3 所示。

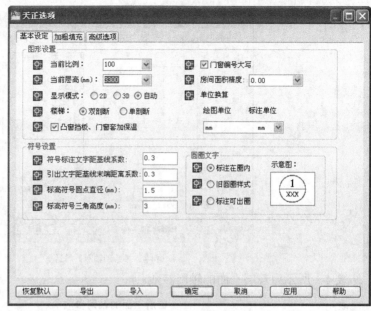

图4-2 【设置】菜单　　　　　　　　　图4-3 【天正选项】对话框

根据设计规定的出图比例，将本项目的首层平面图的当前比例改设为 1:100，当前层高改为 3300，选择【门窗编号大写】复选项，【房间面积精度】设为 0.00，其余参数保持默认，单击 确定 按钮退出【天正选项】对话框。

图 4-3 所示是按要求修改好的参数内容，该参数只对当前图形有效，如果工程中还要求设计其他图形，需按当前设计的图形参数改变其中的内容，即使是利用当前图形另存为其他图形的情况也必须检查参数是否与要设计的楼层参数一致。

## 4.2 轴网的生成与修改

本节将以居民楼为例介绍轴网的生成与编辑、轴号的标注与修改等功能。

### 4.2.1 建立轴网

**一、 绘制直线轴网**

直线轴网命令可生成正交轴网、斜交轴网或单向轴网。

**命令启动方式**

- 菜单命令:【轴网柱子】/【绘制轴网】。
- 【常用快捷功能 1】工具栏按钮: 井。
- 命令: T81_TaxisGrid。

显示【绘制轴网】对话框,如图 4-4 所示,选择【直线轴网】选项卡。进入对话框后,可用鼠标选取或由键盘输入来选择数据的输入方式来生成轴网,还可在对话框左侧的预览区中对轴线进行动态预览,以此来观察轴网的生成效果。

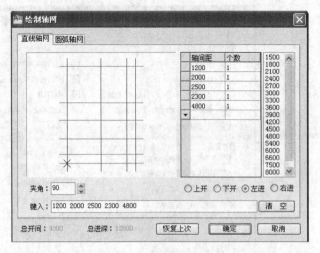

图4-4　【绘制轴网】对话框

表 4-1 所示为首层平面的轴网参数。

表 4-1　　　　　　　　　　　　首层平面的轴网参数

| 选项名称 | 第一道尺寸参数 | 第二道尺寸参数 | 第三道尺寸参数 | 第四道尺寸参数 | 第五道尺寸参数 |
|---|---|---|---|---|---|
| 上开间 | 4600 | 3500 | 1200 | | |
| 下开间 | 4600 | 3500 | 1200 | | |
| 左进深 | 1200 | 2000 | 2500 | 2300 | 4800 |
| 右进深 | 1200 | 2000 | 2500 | 2300 | 4800 |

首先以输入左进深数据为例，说明在对话框中输入数据的方法，选择【左进】单选项后开始输入数据。

任选以下输入方式之一，在轴网尺寸区中输入数据。

(1) 利用尺寸列表与重复个数输入进深、开间尺寸。

* 使用表内尺寸值与重复个数：在【轴间距】列中单击一点，会现  文本框，可以在下拉列表框中选择尺寸值，同样在【个数】文本框中单击一点，出现 ▊▊▊ 的文本框，可以从中选择重复个数，以上步骤结束后，按 Enter 键即可进行下一个轴网尺寸的输入。
* 直接输入数据：直接在【轴间距】列表中单击一点，按照当前的尺寸输入数据，如果当前个数为 1，则直接按 Enter 键进入下一个轴网尺寸的输入。

(2) 利用【键入】文本框，按默认格式输入数据。

在【键入】文本框中输入所需数据，两个数据之间应以空格分开，按 Enter 键确定。当数据重复时，输入"重复数×尺寸"，例如"2*4600"。

输入上开间的数据后，再输入下开间的数据；当然也可以先输入下开间的数据。选择【下开】单选项后，输入下开间的数据。如果下开间的数据与上开间的相同，则可不必选择【下开】单选项，跳过此步，输入进深的数据即可。

对进深尺寸重复类似操作，输入数据。图 4-4 所示的列表显示的是左进深的参数。

输入所有的数据后，单击 确定 按钮进入命令行交互方式，使用鼠标在图形中布置轴网。

　　点取位置或 [转 90 度 (A) /左右翻 (S) /上下翻 (D) /对齐 (F) /改转角 (R) /改基点 (T) ]<退出>：

TArch 在此提供了多种灵活的定位方法，无论轴网多复杂，总能选择其中一种方式进行插入点的定位。

其中【改基点】一项，常用于圆弧轴网与直线轴网混合存在的复杂工程中，这时总有某个柱子或剪力墙设为轴网之间的关联定位点，通过改基点命令，可将轴网准确地定位在该点。

在图形屏幕左下角取一点作为轴网的基点，此时出现图 4-5 所示的轴网，此时还没有尺寸标注。注意：轴网仅仅是由直线组成的，并非自定义对象，在标注轴号与轴线尺寸后才首次出现自定义专业对象的概念。

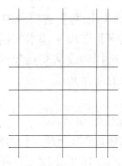

图4-5　建立直线轴网

## 二、　绘制弧线轴网

弧线轴网命令可生成弧线轴网，并提供与直线轴网相连接的处理。

### 命令启动方式

- 菜单命令：【轴网柱子】/【绘制轴网】。
- 【常用快捷功能 1】工具栏按钮：𝄞。
- 命令：T81_TaxisGrid。

弧线轴网是由一组同心圆弧线和过圆心的辐射线组成，由圆心、半径、圆心角和进深等参数确定。

启动轴网弧线命令后，系统出现【绘制轴网】对话框，选择【圆弧轴网】选项卡，如图 4-6 所示。

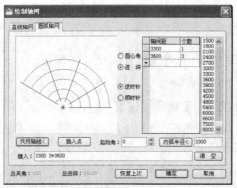

图4-6　【绘制轴网】对话框

全部数据输入后，单击 确定 按钮，即在系统中心画出圆弧轴网，确定插入点后即可绘制出圆弧轴网。圆弧轴网数据如表 4-2 所示。

表 4-2　　　　　　　　　　　　　　　　　圆弧轴网数据

| 选项名称 | 尺寸参数 |
| --- | --- |
| 进深数据 | 3300，3×3600 |
| 圆心角数据 | 30°，3×40° |
| 旋转方向 | 逆时针 |
| 起始角 | 25° |
| 内弧半径 | 9000 |

下面结合表 4-2 的数据，介绍【圆弧轴网】选项卡中参数的使用方法。

(1)　输入数据的方法与【直线轴网】选项卡基本相同。

(2)　确定旋转方向。可根据需要选择轴线从基点起的生成方向。

(3)　确定内弧半径及第一条线段的起始角度。

(4)　选定绘制轴线的形式和基点。

(5)　单击 确定 按钮后，系统提示如下。

点取位置或 [转 90 度 (A) /左右翻 (S) /上下翻 (D) /对齐 (F) /改转角 (R) /改基点 (T) ] <退出>：

(6)　单击或输入弧线轴网的插入点，即可在指定位置上插入弧线轴网。图 4-7 所示为按表 4-2 中数据绘制出的弧线轴网。

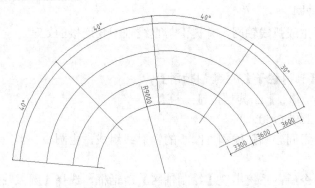

图4-7　弧线轴网示例

## 4.2.2　轴网的标注

轴网标注命令常用于标注轴网的进深、开间尺寸和轴号。

**命令启动方式**

- 菜单命令：【轴网柱子】/【轴网标注】。
- 【常用快捷功能 1】工具栏按钮：🔛。
- 命令：T81_TAxisDim2p。

标注开间尺寸的命令交互。

请选择起始轴线<退出>：　　　　　　　　　//在图中选择相应的起始轴线

请选择终止轴线<退出>：　　　　　　　　　//在图中选择相应的终止轴线

请选择不需要标注的轴线：　　　　　　　　//若有需选择该轴线，否则按 Enter 键退出显示图 4-8 所示的对话框，起始轴号纵向一般选择"1"，当然，也可以输入别的符号，选择双侧标注，即可完成轴线标注。

图4-8　设置轴网标注参数

对进深轴线重复以上交互过程，最后获得如图 4-9 所示的轴网，在第 4.2.3 小节通过编辑命令添加附加轴线。

> **要点提示**　轴网默认使用的线型是实线，出于便于捕捉轴线的原因，绘图前需用【轴网柱子】/【轴改线型】命令将线型改为点画线。

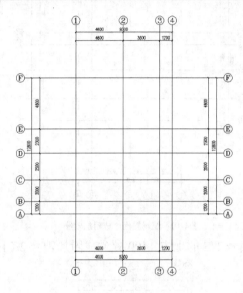

图4-9　直线轴网标注

## 4.2.3　轴线的编辑和现实控制

用户可以通过一系列命令增加轴线、编辑轴号，同时更新轴线的尺寸标注。也可以通过轴号对象丰富的对象编辑功能，双击轴号进入对象编辑界面修改轴号，以控制其显示方式。

【添加轴线】命令可在矩形、弧形、圆弧轴网中加入轴线或者附加轴线，并且可自动插入轴号、自动更新轴网的尺寸标注，并对后面的轴号进行重新排列。

(1)　根据设计的要求在轴号 1 右面 3000 处增加一个分轴号 1/1，步骤如下。

**命令启动方式**

- 菜单命令:【轴网柱子】/【添加轴线】。
- 命令: T81_TinsAxis。

启动命令添加轴线，系统提示如下。

选择参考轴线 <退出>:　　　　　　　　　　　　　　//在参考轴线 1 上选取任意点

新增轴线是否为附加轴线?[是(Y)/否(N)]<N>:Y//输入 Y 使得新轴线属于附加轴线，根据参

考轴线自动生成附加的轴号

　　偏移方向<退出>：　　　　　　　　　　　　//在参考轴线 1 右侧选取任意一个点

　　距参考轴线的距离<退出>：3000　　　　　　//输入与轴号 1 的相对距离

系统生成新的附加轴线和附加轴号 1/1。

(2)　重复添加轴线命令，在轴号 E 的上方距离 1000 处生成附加轴线和附加轴号 1/E，如图 4-10 所示。

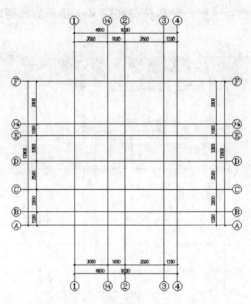

图4-10　编辑轴网生成附加轴线

(3)　在进深方向附加轴号 1/E 的上方 1400 处生成附加轴号 2/E，如图 4-11 所示。

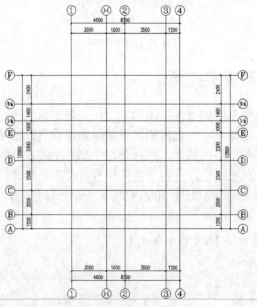

图4-11　附加轴线 2/E 的生成

(4)　双击开间轴号 1～4，进入对象编辑命令。

命令：T81_TObjEdit

选择 [变标注侧(M)/单轴变标注侧(S)/添补轴号(A)/删除轴号(D)/单轴变号(N)/重排轴号

(R)/轴圈半径(Z)]<退出>:N　　　　　　　　　//打算修改轴号，输入 N

请在要更改的轴号附近取一点：　　　　　　　　//在轴号 4 附近取一点

请输入新的轴号(.空号)<4>: 1/3　　　　　　//输入附加轴号

选择 [变标注侧(M)/单轴变标注侧(S)/添补轴号(A)/删除轴号(D)/单轴变号(N)/重排轴号

(R)/轴圈半径(Z)]<退出>:　　　　　　　　　//按 Enter 键退出对象编辑命令

（5）双击进深轴号对象，练习通过对象编辑，控制轴号 1/E 仅在轴线左端显示，2/E 仅在轴线右端显示。

命令：T81_TObjEdit

选择 [变标注侧(M)/单轴变标注侧(S)/添补轴号(A)/删除轴号(D)/单轴变号(N)/重排轴号

(R)/轴圈半径(Z)]<退出>:S　　　　　　　　　//修改单个轴号的显示，输入 S

在需要改变标注侧的轴号附近取一点：　　　　　//单击轴号 1/E 轴号两端不显示

在需要改变标注侧的轴号附近取一点：　　　　　//单击轴号 1/E 轴号右端不显示

在需要改变标注侧的轴号附近取一点：　　　　　//单击轴号 2/E 轴号两端不显示

在需要改变标注侧的轴号附近取一点：　　　　　//单击轴号 2/E 轴号右端不显示

在需要改变标注侧的轴号附近取一点：　　　　　//单击轴号 2/E 轴号左端不显示

在需要改变标注侧的轴号附近取一点：　　　　　//按 Enter 键退出 S 选项

选择 [变标注侧(M)/单轴变标注侧(S)/添补轴号(A)/删除轴号(D)/单轴变号(N)/重排轴号

(R)/轴圈半径(Z)]<退出>:　　　　　　　　　//按 Enter 键退出对象编辑命令

（6）选择开间轴线，单击鼠标右键，在弹出的快捷菜单中选择【添加轴线】命令。

（7）在轴号 2 右边 1200 处，添加附加轴号 1/2。

（8）双击开间轴号对象，输入"S"，选择单轴变标注侧，上开间轴线 1/2 不显示轴号，完成修改后的轴网如图 4-12 所示。

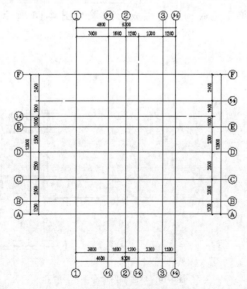

图4-12　对象编辑单轴变标注侧

## 4.3 综合实例——轴网绘制练习

用墙生轴网命令绘制住宅楼轴线并编辑轴线。

1. 打开附盘文件"dwg\第4章\4-1.dwg",结果如图4-13所示。

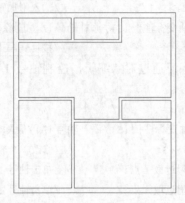

图4-13 墙体平面图

2. 执行墙生轴网命令,系统提示如下。

- 菜单命令:【轴网柱子】/【墙生轴网】。
- 【常用快捷功能1】工具栏按钮: ⊪。
- 命令:T81_TWall2Axis

启动墙生轴网命令,系统提示如下。

命令: T81_TWall2Axis

请选取要从中生成轴网的墙体:指定对角点: 找到 22 个

　　　　　　//按住鼠标左键框选所有墙体,所有的墙体变为虚线显示

请选取要从中生成轴网的墙体: 　　//按 Enter 键或单击鼠标右键结束

执行完上述命令后,即可完成轴网的生成,结果如图4-14所示。

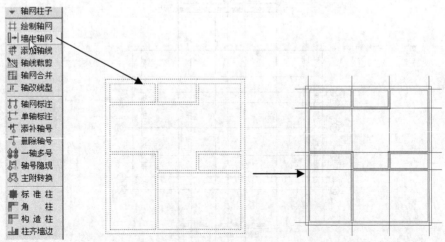

图4-14 墙生轴网命令演示

3. 选择菜单命令【轴网柱子】/【轴改线型】,把轴线由实线转变为点画线,重复选择【轴

改线型】命令可在实线和点画线之间相互转化，如图 4-15 所示。

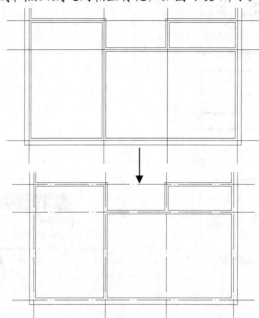

图4-15　【轴改线型】效果

4. 选择菜单命令【轴网柱子】/【轴网标注】，对图 4-15 所示的轴网进行标注，命令启动方式如下。
   - 菜单命令：【轴网柱子】/【轴网标注】。
   - 【常用快捷功能 1】工具栏按钮：⤒。
   - 命令：T81_TAxisDim2p。

   执行此命令后，会弹出如图 4-16 所示的【轴网标注】对话框，选择【双侧标注】单选项，起始轴号设置为"1"。

图4-16　【轴网标注】对话框

命令行提示如下。

    命令：T81_TAxisDim2p
    请选择起始轴线<退出>：　　　　　//选择左侧横轴相应的起始轴线
    请选择终止轴线<退出>：　　　　　//选择右侧横轴相应的终止轴线，这时轴线显示为虚线
    请选择不需要标注的轴线：　　　　//按 Enter 键或单击鼠标右键结束

5. 结束上述命令后，即可完成横轴轴线的标注，如图 4-17 所示；重复当前的命令按 Enter 键即可，弹出如图 4-18 所示的【轴网标注】对话框，选择【双侧标注】单选项，起始轴号设置为 A。

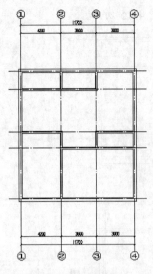

图4-17 横轴轴线的标注

图4-18 【轴网标注】对话框

系统提示如下。

命令: T81_TAxisDim2p

请选择起始轴线<退出>: //选择左下侧纵轴相应的起始轴线

请选择终止轴线<退出>: //选择左上侧纵轴相应的终止轴线,此时轴线显示为虚线

请选择不需要标注的轴线: //按 Enter 键或鼠标右键结束

最后按 Esc 键结束当前命令,最后轴网标注效果如图 4-19 所示。

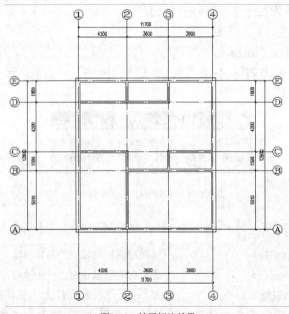

图4-19 轴网标注效果

6. 选择菜单命令【轴网柱子】/【轴号隐现】对图 4-19 中的右侧轴号 C 进行隐藏,命令启动方式如下。

- 菜单命令:【轴网柱子】/【轴号隐现】。

- 命令：T81_TshowLabel。

启动轴号隐现命令，系统提示如下。

命令：T81_TShowLabel

请选择需隐藏的轴号或 [显示轴号(F)/设为双侧操作(Q)，当前：单侧隐藏] <退出>：

//框选轴号 C，显示为虚线状态，系统中有 3 种选择，可根据需要按相关字母进行选取，当前默认操作为"单侧隐藏"

请选择需隐藏的轴号或 [显示轴号(F)/设为双侧操作(Q)，当前：单侧隐藏] <退出>：

//按 Enter 键或单击鼠标右键结束

隐藏前后的对比效果如图 4-20 所示。

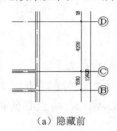
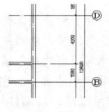

（a）隐藏前　　　　　　　　　　　（b）隐藏后

图4-20　轴号隐现效果对比

7. 对轴号 2 进行删除轴号的练习，选择菜单命令【轴网标注】/【删除轴号】对图 4-19 中的轴号 2 进行删除，命令启动方式如下。

- 菜单命令：【轴网柱子】/【删除轴号】。
- 【常用快捷功能 1】工具栏按钮：⊥。
- 命令：T81_TdelLabel。

启动删除轴号命令，系统提示如下。

命令：T81_TDelLabel

请框选轴号对象<退出>：　　　　　　//按住鼠标左键框选轴号 2，显示为虚线状态

请框选轴号对象<退出>：　　　　　　//按 Enter 键或单击鼠标右键结束

是否重排轴号?[是(Y)/否(N)]<Y>：N　//默认值显示为 Y

删除轴号后的效果对比如图 4-21 所示。

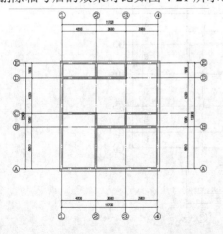
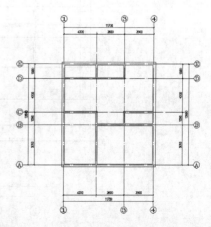

图4-21　删除轴号效果对比

# 第5章 墙体的布置与编辑

## 【学习指导】

- 熟悉 TArch 自定义专业墙体构件的特性。
- 掌握墙体对象与门窗对象的关系。
- 练习利用墙体与门窗的对象编辑功能对墙体参数进行修改。

墙体是建筑物的重要组成部分。它的作用是承重、围护或分隔空间。墙体按受力情况和材料分为承重墙和非承重墙，按墙体构造方式分为实心墙、烧结空心砖墙、空斗墙和复合墙。

墙体是 TArch 中的核心对象，它是为模拟实际墙体的专业特性构建的，因此可实现墙角的自动修剪、墙体之间按材料特性的连接、与柱子和门窗的互相关联等智能特性，并且墙体是建筑房间的划分依据，理解墙对象的概念非常重要。

墙对象不仅包含位置、高度、厚度等几何信息，还包括墙类型、材料、内外墙等属性。

TArch 8.5 在【绘制墙体】对话框中新增模数开关，再对墙体对象编辑功能进行了扩充，增加了墙体厚度列表、左右宽控制和保温层的修改。

图 5-1 所示为已经插入墙体的平面图。

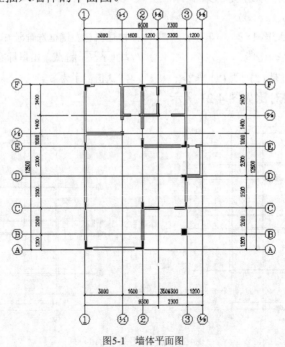

图5-1 墙体平面图

# 5.1 绘制墙体

打开第 4 章中绘制好的轴网，完成轴号标注练习的图形如图 4-12 所示。对于本节有待完成的墙体，先使用最方便的【墙体】/【单线变墙】命令生成所有墙体，最后用 Erase 命令将多余墙体删除，将与图 4-12 中偏移不一的墙体对象进行编辑修改。

**命令启动方式**

- 菜单命令：【墙体】/【单线变墙】。
- 【常用快捷功能 1】工具栏按钮：⬚。
- 命令：T81_TSWall。

启动【单线变墙】命令，打开【单线变墙】对话框，如图 5-2 所示。

图5-2 【单线变墙】对话框

在【单线变墙】对话框中，设置外墙外侧宽为"0"，外墙内侧宽为"180"，内墙宽为"180"，墙的高度为"当前层高"，材料选择"砖墙"，并选择【轴网生墙】单选项。

　　选择要变成墙体的直线、圆弧或多段线：　　　//用鼠标左键框选要生成墙体的轴线

　　选择要变成墙体的直线、圆弧或多段线：　　　//按 Enter 键或单击鼠标右键退出

生成的墙体如图 5-3 所示。

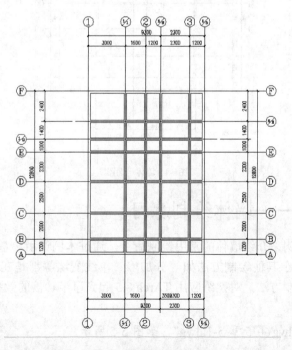

图5-3 轴网生墙的效果

## 5.2 墙体的编辑与修改

墙体对象支持 AutoCAD 2010 的通用编辑命令，可使用偏移（Offset）、修剪（Trim）、延伸（Extend）等命令进行修改，对墙体执行以上操作时均不必显示墙基线。

此外，可直接使用删除（Erase）、移动（Move）和复制（Copy）命令进行多个墙段的编辑操作。TArch 8.5 也有专用的编辑命令对墙体进行编辑，只需要双击墙体即可进入对象编辑对话框进行简单的参数编辑，拖动墙体的不同夹点可改变长度与位置。

将图 5-3 中的多余墙体按设计要求删除。使用 Erase 命令删除多余墙体，按外墙的设计要求修改图 5-3 中轴线 3 外墙体外皮对齐轴线。

**命令启动方式**

- 菜单命令：【墙体】/【边线对齐】。
- 命令：T81_TALIGNWALL。

  请点取墙边应通过的点或 [参考点(R)]<退出>：　　　//选择轴线 3

  请点取一段墙<退出>：　　　　　　　　　　　　　//选择轴线 3 上的一段外墙

完成后的墙体平面图如图 5-4 所示。

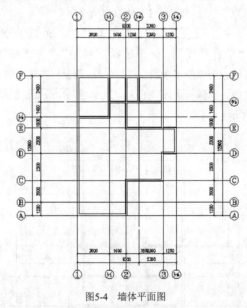

图5-4　墙体平面图

## 5.3 综合实例——墙体绘制练习

下面通过一个实例来介绍墙体的常用绘制命令，通过本例让用户掌握建筑墙体的基本绘制与修改的方法，对于其他绘制方法如等分加墙、单线变墙等都是在基本方法基础上的延伸，因此掌握基本绘制方法，对熟练应用 TArch 8.5 起到事半功倍的效果。

练习绘制墙体。

1. 打开附盘文件 "dwg\第 5 章\5-1.dwg"，如图 5-5 所示。

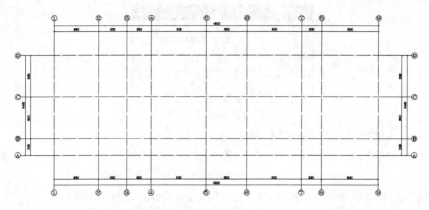

图5-5　轴网平面图

2. 绘制如图 5-6 所示的某幼儿园 200mm 的墙体。

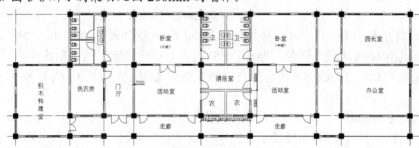

图5-6　某幼儿园墙体

**命令启动方式**

- 菜单命令：【墙体】/【绘制墙体】，如图 5-7 所示。
- 【常用快捷功能 1】工具栏按钮：═。
- 命令：T81_TWall。

图5-7　菜单命令

3. 启动【绘制墙体】命令，系统弹出【绘制墙体】对话框，如图 5-8 所示，高度选择"当前层高"，材料选择"砖墙"，用途选择"一般墙"，在【左宽】、【右宽】文本框中输入"100"。

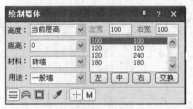

图5-8 【绘制墙体】对话框

4. 单击底部工具栏中的【绘制直墙】按钮 ▤。

起点或[参考点(R)]<退出>： //绘制直墙的操作类似于 LINE 命令，可连续输入直墙下
一点，或按 Enter 键结束绘制

直墙下一点或[弧墙（A）/矩形画墙（R）/闭合(C)/回退(U)]<另一段>：
//连续绘制墙线

直墙下一点或[弧墙(A)/矩形画墙(R)/闭合(C)/回退(U)]<另一段>：
//单击鼠标右键结束选择或按 Enter 键结束绘制

起点或[参考点(R)]<退出>： //单击鼠标右键退出命令进入绘图区绘制墙体，完成墙体的绘制

为了准确地定位墙体端点位置，TArch 8.5 提供了对已有墙基线、轴线和柱子的自动捕捉功能。必要时可以将 TArch 8.5 内含的自动捕捉功能关闭，然后按 F3 键打开 AutoCAD 的捕捉功能。

TArch 8.5 为 AutoCAD 2004 以上平台的用户提供了动态墙体的绘制功能，单击状态栏上的 ▦ 按钮，启动动态距离和角度提示，按 Tab 键可切换参数栏，输入距离和角度数据。

下面对对话框中的控件做详细的说明。

- 墙宽参数：包括左宽、右宽两个参数，其中墙体的左、右宽度，指沿墙体定位点顺序，基线左侧和右侧部分的宽度；对于矩形布置方式，则分别对应基线内侧宽度和基线外侧的宽度，对话框相应提示改为内宽、外宽。其中左宽（内宽）、右宽（外宽）都可以是正数、负数或 0。
- 墙宽组：在数据列表预设有常用的墙宽参数，每一种材料都有各自常用的墙宽组系列供选用，用户使用新的墙宽组定义后会自动添加进列表，用户选择其中某组数据，按 Delete 键可删除当前墙宽组。
- 墙基线：基线位置设左、中、右、交换共 4 种控制，左、右是计算当前墙体总宽后，全部左偏或右偏的设置，例如，当前墙宽组为 100、120，单击 左 按钮后即可改为 220、0，中是当前墙体总宽居中设置，单击 中 按钮后即可改为 110、110，交换就是把当前左右墙厚交换方向，把数据改为 120、100。
- 高度/底高：高度是墙高，从墙底到墙顶计算的高度，底高是墙底标高，从本图零标高（Z=0）到墙底的高度。
- 材料：包括从轻质隔墙、玻璃幕墙、填充墙到钢筋混凝土等共 8 种材质，按材质的密度预设了不同材质之间的遮挡关系，通过设置材料绘制玻璃幕墙。
- 用途：包括一般墙、卫生隔断、虚墙和矮墙 4 种类型，其中矮墙是新添的类型，具有不加粗、不填充的特性，可表示女儿墙等特殊墙体。

在对话框中输入所有尺寸数据后，单击【绘制弧墙】按钮 ▧，系统提示如下。

起点或 [参考点(R)]<退出>： //在窗口中选择点 a 作为起点

弧墙终点或[直墙(L)/矩形画墙(R)]<取消>： //指定弧墙的另一点 b 点为终点

| 点取弧上任意点或 [半径(R)]<取消>:R | //选择输入 R |
|---|---|
| 弧墙终点或[直墙(L)/矩形画墙(R)]<取消>:50000 | //按要求输入半径 |
| 点取弧上任意点或 [半径(R)]<取消>: | //按 Enter 键 |
| 起点或 [参考点(R)]<退出>: | //按 Enter 键结束 |

绘制完一段弧墙后，自动切换到直墙状态，按 Enter 键退出命令，实例如图 5-9 所示。

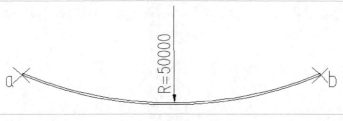

图5-9  弧墙绘制方法

练习墙体编辑。

通过绘制住宅楼墙体熟练掌握墙体编辑功能。

## 一、改墙厚

单段修改墙厚使用对象编辑命令，本命令按照墙基线居中的规则批量修改多段墙体的厚度，但不适合修改偏心墙，打开附盘文件"dwg\第 5 章\5-2.dwg"，如图 5-10 所示，进行墙体编辑。

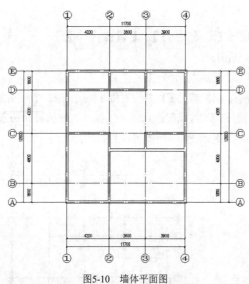

图5-10  墙体平面图

**命令启动方式**

- 菜单命令:【墙体】/【墙体工具】/【改墙厚】。
- 命令: T81_TWallThick。

启动【改墙厚】命令后，系统提示如下。

| 选择墙体: | //选择该住宅楼所有的内墙 |
|---|---|
| 选择墙体: 找到 1 个，总计 11 个 | //按 Enter 键结束 |
| 新的墙宽<240.0000>:200 | //输入修改后的墙体宽度 |

菜单栏操作如图 5-11 所示，修改后的墙体效果图与之前并没有明显的区别，关键在于墙体厚度的标注不同。

图5-11　【改墙厚】菜单

## 二、 改外墙厚

用于整体修改外墙厚度，执行【改外墙厚】命令前应事先识别外墙，否则无法找到外墙进行处理。识别外墙的操作如下。

**命令启动方式**

- 菜单命令：【墙体】/【识别内外】/【识别内外】。
- 命令：T81_TMarkWall。

启动【识别内外】命令，系统提示如下。

请选择一栋建筑物的所有墙体(或门窗)：指定对角点：找到 22 个//用鼠标左键框选所有墙体

请选择一栋建筑物的所有墙体(或门窗)：　　　　　　//按 Enter 键结束或单击鼠标右键结束

识别出的外墙用红色的虚线示意，如图 5-12 所示。

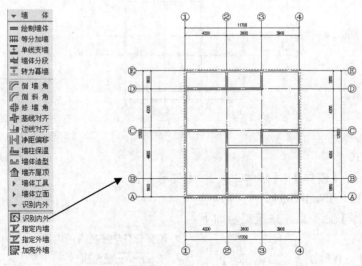

图5-12　识别外墙操作提示

现在可以用【改外墙厚】命令修改图 5-12 所示的住宅楼的外墙体厚度。

- 菜单命令:【墙体】/【墙体工具】/【改外墙厚】。
- 工具栏按钮: ╫。
- 命令: T81_TExtThick。

启动【改外墙厚】命令,系统提示如下。

请选择外墙:指定对角点: 找到 11 个　//用鼠标左键框选所有墙体,只有外墙亮显

请选择外墙:　　　　　　　　　//按 Enter 键结束或单击鼠标右键结束

内侧宽<120>: 120　　　　　　//输入外墙基线到外墙内侧边线的距离

外侧宽<120>: 240　　　　　　//输入外墙基线到外墙外侧边线的距离

命令交互完毕后按新墙宽参数修改外墙,并对外墙与其他构件的连接进行处理,结果如图 5-13 所示。

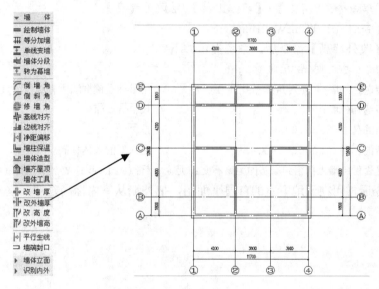

图5-13　改外墙厚操作提示

### 三、 改高度

改高度命令可对选中的柱、墙体及其造型的高度和底标高成批进行修改,是调整这些构件竖向位置的主要手段。修改底标高时,门窗底的标高可以和柱、墙联动修改。

**命令启动方式**

- 菜单命令:【墙体】/【墙体工具】/【改高度】。
- 命令: T81_TChHeight。

启动【改高度】命令后,系统提示如下。

选择墙体、柱子或墙体造型:　　　//用鼠标左键框选所有墙体

请选择墙体、柱子或墙体造型:　　//按 Enter 键或单击鼠标右键结束

新的高度<3000.0000>:3300　　//输入新的高度

新的标高<0.0000>:　　　　　　//根据需要输入新的对象地面标高（相对于本层楼面的标高,如果不变动,按 Enter 键）

是否维持窗墙底部间距不变?[是(Y)/否(N)]<N>: Y//默认值为 N,按 Enter 键结束

命令结束后选中的柱、墙体及造型的高度和底标高按给定值修改。如果墙底标高不变,窗墙底部间距不论输入 Y 或 N 都没有关系,但如果墙底标高改变了,就会影响窗台的高度,如底标高原来是 0,新的底标高是 - 300,以 Y 响应时,各窗的窗台相对墙底标高而言高度维持不变,但从立面图看就是窗台随墙下降了 300;如以 N 响应,则窗台高度相对于底标高间距就作了改变,而从立面图看窗台却没有下降。

### 四、 改外墙高

【改外墙高】命令与【改高度】命令类似,只是仅对外墙有效,方便单独对外墙进行墙体高度的改定。执行本命令之前必须执行【墙体】/【识别内外】/【识别内外】命令,对墙体区别内外墙体。

**命令启动方式**

- 菜单命令:【墙体】/【墙体工具】/【改外墙高】。
- 命令: T81_TChEWallHeight。

启动【改外墙高】命令后,系统提示如下。

```
命令: T81_TChEWallHeight
请选择外墙:指定对角点:找到 11 个        //用鼠标左键框选所有墙体,只有外墙亮显
请选择外墙:                             //按 Enter 键
新的高度<3300.0000>:                    //按 Enter 键
新的标高<0.0000>:-0.450                 //输入新的墙体标高
是否保持墙上门窗到墙基的距离不变?[是(Y)/否(N)]<N>: Y//默认值为 N
```

此命令通常用在无地下室的首层平面图,把外墙从室内标高延伸到室外标高。

# 第6章 柱网的布置与编辑

## 【学习指导】

- 熟悉 TArch 插入各种柱子构件的多种命令。
- 掌握修改柱子对象、墙对象关系的方法。

柱子在建筑设计中主要起到结构支撑作用，有些时候柱子也用于纯粹的装饰（俗称"装饰柱"）。TArch 8.5 以自定义对象来表示柱子，但各种柱子对象定义不同，标准柱用底标高、柱高和柱截面参数描述其在三维空间的位置和形状，构造柱用于砖混结构，只有截面形状而没有三维数据描述，只服务于施工图。

图 6-1 所示为已经插入柱子的平面图。

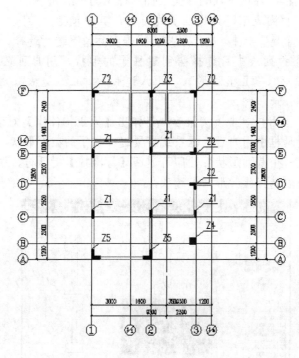

图6-1　柱子平面图

## 6.1 布置柱子

在实际的建筑物中，柱子的形状多种多样，在 TArch 8.5 中将其划分为标准柱、角柱、构造柱和异形柱 4 类，用户可根据自己的需要选择需创建柱子的类型。本节在已有直线轴网的基础上，使用标准柱与角柱命令生成比较规则的框架柱网，最后通过【柱齐墙边】命令移动柱子的位置。

## 6.1.1　插入标准柱

这里使用图 5-4 所示的墙体平面图。用户可在轴网的交点或任何位置插入矩形柱、圆柱或正多边形柱，其中正多边形柱包括常用的三、五、六、八、十二边形断面。插入柱子的基准方向总是沿着当前坐标系的方向，如果当前坐标系是 UCS（用户坐标系），柱子的基准方向自动按 UCS 的 x 轴方向，不必另外设置，当用户需要创建标准柱时，只需选择菜单命令【轴网柱子】/【标准柱】，将弹出图 6-2 所示的【标准柱】对话框。

图6-2　【标准柱】对话框

在【标准柱】对话框中各项参数的含义及插入柱子的方法如下。

- 材料：在该下拉列表中可选择柱子的材料，其中包括"砖"、"石材"、"钢筋混凝土"和"金属"4 种材质，用户可根据实际情况进行选择。
- 形状：在该下拉列表中可选择需创建柱子的形状，用户可在"矩形"、"圆形"、"正三角形"、"正五边形"、"正六边形"、"正八边形"、"正十二边形"、"异形柱"中任选一种。
- 标准构件库：当用户单击该按钮后，将弹出【天正构件库】对话框，如图 6-3 所示，在该对话框中用户可根据系统需要选择柱子的截面形状，当用户在该对话框中双击某一个截面形状后，即可返回【标准柱】对话框，同时【形状】下拉列表中将自动选择【异形柱】选项。

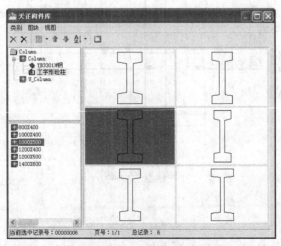

图6-3　【天正构件库】对话框

- 柱子尺寸：在该分组框中有横向、纵向和柱高 3 个参数，用户可根据自己的需要设置柱子的大小及高度。
- 偏心转角：在该分组框中有"横轴"、"纵轴"和"转角" 3 个参数，在【横轴】和【纵轴】文本框中输入柱子基点与柱子正中心点的偏移距离，在【转角】文本框中则可输入柱子的旋转角，该角度并不会影响柱子高方向的倾斜度。
- 点选插入柱子：当用户在【标准柱】对话框中单击【点选插入柱子】按钮 ✚ 后再在轴网交点上单击一点，即可在轴网交点处创建一根柱子，如图 6-4 所示。

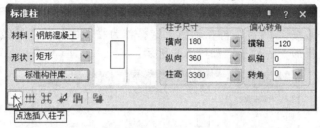

图6-4　点选插入柱子

- 沿着一根轴线布置柱子：当用户在【标准柱】对话框中单击【沿着一根轴线布置柱子】按钮 ⊞ 后，再选择轴网中的任意一根轴线上单击，此时即可在所选轴线的各个节点上分别创建 1 根柱子，如图 6-5 所示。

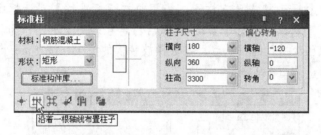

图6-5　沿着一根轴线布置柱子

- 指定的矩形区域内的轴线交点插入柱子：当用户在【标准柱】对话框中单击【指定的矩形区域内的轴线交点插入柱子】按钮 ⌘ 后，再在轴网上框选一个矩形区域，即可在框选区域的各个交点上创建柱子，如图 6-6 所示。

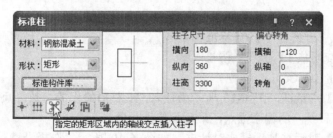

图6-6　指定的矩形区域内的轴线交点插入柱子

- 替换图中已插入的柱子：当用户在【标准柱】对话框中单击【替换图中已插入的柱子】按钮 ✍ 后，再在轴网上已有的柱子上单击即可将原有的柱子替换成为新形状的柱子，如图 6-7 所示。

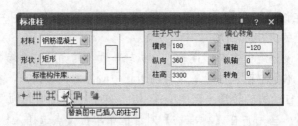

图6-7　替换图中已插入的柱子

- 选择 PLine 线创建异形柱：当用户在【标准柱】对话框中单击【选择 PLine 线创建异形柱】按钮 后，再在轴网上选择作为柱子的封闭多段线后，按 Enter 键就可生成新形状的柱子，如图 6-8 所示。

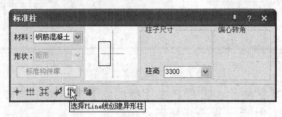

图6-8　选择 PLine 线创建异形柱

- 在图中拾取柱子形状或已有柱子：当用户在【标准柱】对话框中选择【在图中拾取柱子形状或已有柱子】按钮 后，再在轴网上选择作为柱子的封闭多段线或点取已经插入的柱子后，再选择被替换的柱子，按 Enter 键即可生成新形状的柱子，如图 6-9 所示。

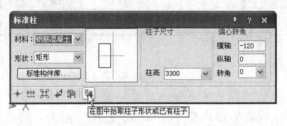

图6-9　在图中拾取柱子形状或已有柱子

**命令启动方式**

- 菜单命令：【轴网柱子】/【标准柱】。
- 【常用快捷功能 1】工具栏按钮：■。
- 命令：T81_TinsColu。

显示【标准柱】对话框，图 6-10 所示为插入 Z1 柱时给出的参数，尺寸是 180×600，横轴偏心设为 90，按统一的偏心插入，最后再修改位置。

由于【标准柱】对话框是无模式对话框，如图 6-10 所示，选择沿着一根轴线布置柱子插入工具后，对话框没有关闭，此时直接单击绘图屏幕插入柱子。

1.　将 Z1 柱插入轴线 1 和轴 E 交点处，如图 6-1 所示。

2.　将纵轴偏心改为 300－120=180，插入轴线 1、C 交点。

3.　将纵轴偏心改为 30－90=210，横轴偏心改为 100－90=10，在轴线 2、轴线 C 和轴线

2、轴线 E 两个轴线交点处插入 Z1 柱。

图6-10　标准柱 Z1

4.　重复插入标准柱命令，显示【标准柱】对话框，图 6-11 所示为插入 Z4 的参数。在轴线 B 与轴线 3 的交点处插入 Z4，如图 6-11 所示。

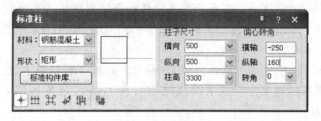

图6-11　标准柱 Z4

5.　输入 Copy 命令，把轴线 2 与轴线 C 相交处的 Z1 柱复制到轴线 3 与轴线 C 相交的位置上，复制时基点选择右下角。

## 6.1.2　插入角柱

小型框架结构建筑常在墙角处运用 L 形、T 形平面的角柱，达到增大室内使用面积的目的，TArch 的柱子菜单中提供了专门的角柱命令解决这一问题。创建角柱的方法非常简单，用户只需在 TArch 8.5 中选择菜单命令【轴网柱子】/【角柱】后，在需要创建角柱的墙体角点上单击，最后再在弹出的【转角柱参数】对话框中设置角柱的材料和长度即可，如图 6-12 所示。

【转角柱参数】对话框中各项参数的含义及插入柱子的方法如下。

- 材料：由下拉列表中选择材料，柱子与墙之间的连接形式以两者的材料决定，目前包括砖、石材、钢筋混凝土或金属，默认为钢筋混凝土。
- 长度：输入角柱各分肢长度。
- 取点 A<：单击 取点A< 按钮，可通过墙上取点得到实际长度，命令行提示如下。
  请点取一点或 [参考点(R)] <退出>：
  　　　　　　　　//用户应依照 取点A< 按钮的颜色从对应的墙上给出角柱端点
- 宽度：各分肢宽度默认等于墙宽，改变墙体宽度后系统默认对中对齐，如果要求角柱偏心变化，可以在完成角柱插入后通过夹点来修改。

**命令启动方式**

- 菜单命令：【轴网柱子】/【角柱】。
- 命令：T81_TcornColu。

1.　选择轴线 1 和轴线 A 交点后，在该处插入角柱 Z5，系统弹出的对话框如图 6-12 所示。

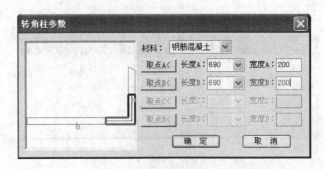

图6-12 角柱 Z5 参数对话框

2. 输入角柱宽度 200，A 与 B 方向的尺寸 690，单击 确 定 按钮，即可在该处插入角柱。

3. 输入 Move 命令，取角柱的左下角为基点，移动角柱到轴线 1 和轴线 A 的交点处。

4. 输入 Mirror 命令，取角柱右边任意一点，按下 F8 键在该点上方取镜像线第二点，镜像复制出对称的另一个 Z5 角柱。

5. 输入 Move 命令，把刚镜像生成的角柱 Z5 移动到轴线 2 和轴线 A 交点的墙位置。

6. 使用同样的方法在轴线 1 和轴线 F 交点处插入 500×500 的角柱 Z2，输入长度为 490×490，宽度为 200。

7. 输入 Move 命令，取角柱的左上角为基点，移动角柱到轴线 1 和轴线 F 的交点处。

8. 输入 Mirror 命令，取角柱右边任意一点，在这点上方取镜像线第二点，镜像复制出对称的另一个 Z2 角柱。

9. 输入 Move 命令，选取刚镜像获得的 Z2 角柱，复制角柱到轴线 3 和轴线 F 交点处。

10. 选择轴线 2 和轴线 F 交点后，准备在该处插入角柱 Z3，系统弹出的对话框如图 6-13 所示。

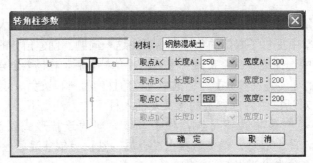

图6-13 角柱 Z3 参数对话框

11. 在其中输入参数，如图 6-13 所示，注意从轴线起算的 a 和 c 柱肢长度=250；b 柱肢长度=500－（200－180）/2=490，单击【确定】按钮，即可在该处插入角柱 Z3。

至此，柱子 Z1～Z5 插入的全部重做完成。

## 6.2 柱子的编辑与修改

对于已经插入图中的柱子，如果需要成批修改，可以使用柱子替换功能或特性编辑功能，当需要个别修改时应充分利用夹点编辑和对象编辑功能，夹点编辑在前面已有详细描述。

打开附盘文件"dwg\第 6 章\6-1.dwg"练习用柱子替换的方式更改图中标准柱的尺寸，把 Z4 柱子横向×纵向尺寸由 500×500 改为 600×600。

**命令启动方式**

- 菜单命令:【轴网柱子】/【标准柱】。
- 【常用快捷功能 1】工具栏按钮: ▦。
- 命令: T81_TinsColu。

1. 启动【标准柱】命令，打开【标准柱】对话框，把柱子尺寸参数改为 600×600，选择对话框下方的【替换图中已插入的柱子】按钮 ⬚，如图 6-14 所示，系统提示如下。

　　　命令: T81_TInsColu
　　　选择被替换的柱子:　　　　　//用点选的方式选择柱子 Z4
　　　选择被替换的柱子:　　　　　//按 Enter 键或单击鼠标右键结束操作

图6-14　替换标准柱

2. 如果仅是对个别柱子进行单独修改，还可以双击要单独修改的柱子，系统即可弹出对象编辑的对话框，与【标准柱】对话框类似，如图 6-15 所示。

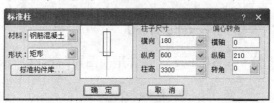

图6-15　柱对象的编辑

3. 根据设计要求，修改参数后，单击 确定 按钮即可更新所选的柱子，但对象编辑只能逐个对象进行修改。如果要一次修改多个柱子，则需使用特性编辑功能。

　　利用【柱齐墙边】命令将柱子边与指定墙边对齐，可一次选多个柱子一起完成墙边对齐，条件是各柱对齐墙边的方式一致。

　　打开附盘文件"dwg\第 6 章\6-2.dwg"，用【柱齐墙边】命令对从 C 轴线上的 3 个 Z1 柱子和墙体进行对齐，结果如图 6-16 所示。

**命令启动方式**

- 菜单命令:【轴网柱子】/【柱齐墙边】。
- 命令: T81_TalignColu。

启动【柱齐墙边】命令，系统提示如下。

　　　命令: T81_TAlignColu
　　　请点取墙边<退出>:　　　　　　　　//选择 C 轴线上的墙体下边缘
　　　选择对齐方式相同的多个柱子<退出>:　　//选择 C 轴线上的 3 个柱子 Z1
　　　选择对齐方式相同的多个柱子<退出>:　　//按 Enter 键

请点取柱边<退出>: //选择这些柱子的下边缘

请点取墙边<退出>: //重选作为柱子对齐基准的其他墙边或者按 Enter 键结束操作

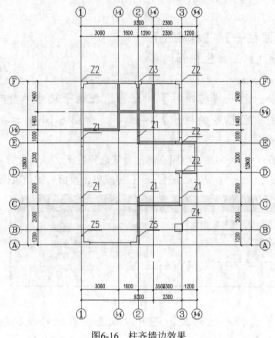

图6-16 柱齐墙边效果

## 6.3 综合实例——柱子绘制练习

打开附盘文件"dwg\第 6 章\6-3.dwg",墙体平面图如图 6-17 所示。

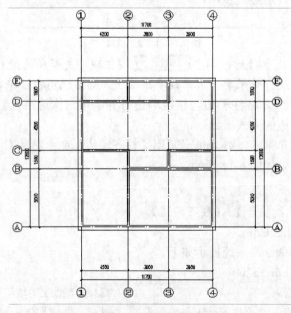

图6-17 墙体平面图

根据设计要求,一整栋建筑物一般有角柱、标准柱和构造柱 3 种柱子,下面对此 3 种柱子进行介绍。角柱参数为 A 点 500×360，B 点为 500×360，标准柱参数为 360×360，构造柱参数为 200×200。

## 一、 角柱

**命令启动方式**

- 菜单命令：【轴网柱子】/【角柱】。
- 命令：T81_TcornColu。

启动角柱命令后，系统提示如下。

命令：T81_TCornColu

请选取墙角或 [参考点(R)]<退出>:     //分别选择轴线 1 与轴线 A、轴线 1 与轴线 E、轴线 4 与轴线 A 及轴线 4 与轴线 E 的墙体交点，系统将弹出图 6-18 所示的【转角柱参数】对话框，在建筑图中的显示如图 6-19 所示

图6-18 【转角柱参数】对话框

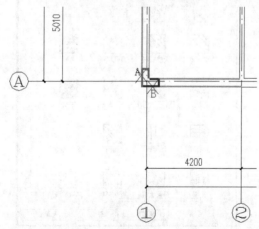

图6-19 转角柱捕捉显示

在【转角柱参数】对话框中，两边的宽度为默认墙体的宽度，一般符合设计要求可不需要改动，长度 A、长度 B 可通过输入参数和单击 取点A< 、 取点B< 按钮分别在图中拾取合适的长度。当单击 取点A< 、 取点B< 按钮时，系统提示如下。

请点取一点或 [参考点(R)]<退出>:     //在墙体合适位置选择点 A、B

在该对话框【材料】选项卡中有"砖"、"石材"、"钢筋混凝土"和"金属"4 种材料可供选择，在此选择材料为"钢筋混凝土"，参数通过手动输入为 A 点 500×360，B 点为 500×360，最后单击 确 定 按钮，退出对话框。

单击【绘图】工具栏中的【图案填充】按钮，打开如图 6-20 所示的【图案填充和渐变色】对话框，单击【图案】下拉列表右侧的按钮，弹出如图 6-21 所示的【填充图案选项板】对话框，选择"钢筋混凝土"图案，单击 确 定 按钮，返回【图案填充和渐变色】对话框，把图案比例设置为"20"。

图6-20 【图案填充和渐变色】对话框

图6-21 【填充图案选项板】对话框

单击【添加：拾取点】左侧的按钮，系统提示如下。

拾取内部点或 [选择对象(S)/删除边界(B)]://按照要求拾取 4 个转角柱

正在分析内部孤岛...

拾取内部点或 [选择对象(S)/删除边界(B)]:

//按 Enter 键返回【图案填充和渐变色】对话框

单击【图案填充和渐变色】对话框中的 确 定 按钮，结果如图 6-22 所示。

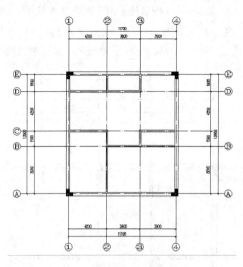

图6-22 角柱填充效果

## 二、 标准柱

**命令启动方式**

- 菜单命令:【轴网柱子】/【标准柱】。
- 【常用快捷功能1】工具栏按钮: ▉。
- 命令: T81_TinsColu。

启动上述命令后,系统弹出图 6-23 所示的【标准柱】对话框,设置【材料】选项参数为"钢筋混凝土",【形状】选项参数为"矩形",【柱子尺寸】、【偏心转角】按图 6-23 所示进行设置。如果需要 TArch 8.5 内置的标准构件可单击 标准构件库... 按钮,打开【天正构件库】窗口,如图 6-24 所示。

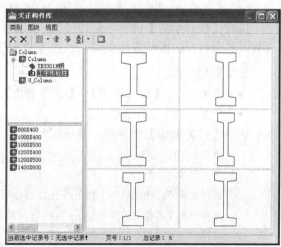

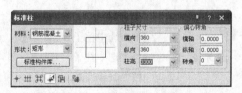

图6-23 【标准柱】对话框　　　　　　　　　　图6-24 【天正构件库】窗口

单击【点选插入柱子】按钮⊹直接在图中按设置要求插入标准柱,系统提示如下。

命令: T81_TInsColu

点取位置或 [转 90 度(A)/左右翻(S)/上下翻(D)/对齐(F)/改转角(R)/改基点(T)/参考点

(G)]<退出>:            //按设计要求在图中插入柱子,如图 6-24 所示

  点取位置或 [转 90 度(A)/左右翻(S)/上下翻(D)/对齐(F)/改转角(R)/改基点(T)/参考点

(G)]<退出>:            //按 Enter 键或单击鼠标右键结束操作

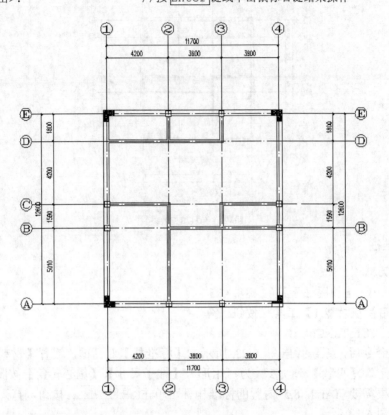

图6-25 插入标准柱后的效果

  执行【柱齐墙边】命令,把图 6-25 中的标准柱与墙对齐,以轴线 A 上的柱子为例进行说明,其余柱子的操作方法类似,这里不再赘述。

**命令启动方式**

- 菜单命令:【轴网柱子】/【柱齐墙边】。
- 命令: T81_TAlignColu。

启动【柱齐墙边】命令后,系统提示如下。

命令: T81_TAlignColu

请点取墙边<退出>:          //鼠标左键点取轴线 A 上的墙体

选择对齐方式相同的多个柱子<退出>:找到 1 个    //单击选中柱子 a

选择对齐方式相同的多个柱子<退出>:找到 1 个,总计 2 个  //单击选中柱子 b

选择对齐方式相同的多个柱子<退出>:      //按 Enter 键

请点取柱边<退出>:           //选择柱子 a 的下边缘

请点取墙边<退出>:           //按 Enter 键

最后轴线 A 上的柱齐墙边对比效果如图 6-26 所示。

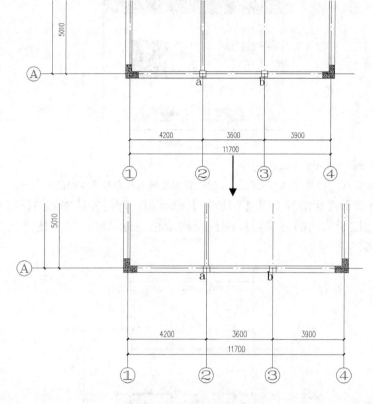

图6-26 柱齐墙边对比效果

## 三、 构造柱

**命令启动方式**

- 菜单命令:【轴网柱子】/【构造柱】。
- 命令: T81_TfortiColu。

启动【构造柱】命令后,选择按设计要求需要插入构造柱的墙体,选择墙体后的显示如图 6-27 所示,系统弹出图 6-28 所示的【构造柱参数】对话框,柱子默认尺寸与墙厚相同,单击 确定 按钮,即可完成构造柱的插入操作。

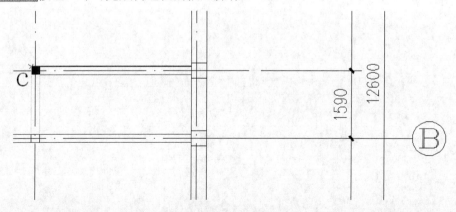

图6-27 墙体点取后的显示效果

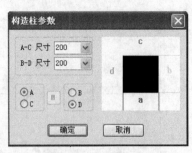

图6-28 【构造柱参数】对话框

命令: T81_TForticolu

请选取墙角或 [参考点(R)]<退出>://选择需要插入构造柱的墙体的墙角 c

执行完【角柱】、【标准柱】及【构造柱】命令后，即可完成本建筑所有柱子的绘制工作，最后按角柱柱子填充的方法对标准柱及构造柱进行填充，材料统一选为"钢筋混凝土"，结果如图 6-29 所示。

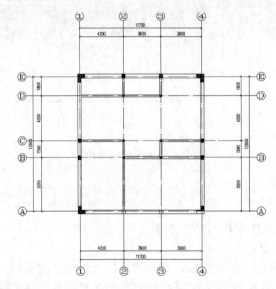

图6-29 柱子布置效果

# 第7章 门窗的插入与编辑

【学习指导】

- 熟悉 TArch 自定义门窗构件的特性。
- 掌握墙体对象与门窗对象的关系。
- 练习利用门窗的对象编辑功能对门窗的参数进行修改，以及更换门窗的形状。

图 7-1 所示为已经插入门窗的平面图。

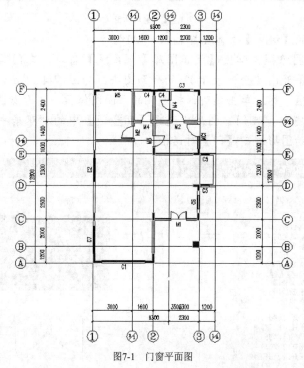

图7-1 门窗平面图

## 7.1 插入门窗

利用图 6-1 所示的柱子平面图，完成本节的练习。本节中的门窗有多种形式，由于平面图中门窗紧靠柱边定位，因此本节内容必须在柱网完成后才能进行，通过单击不同的图标选择门或窗的类型，如图 7-2 所示。

图7-2 插入门窗的切换

## 7.1.1　插入门

**一、　利用轴线定距方式插入门 M1（1200×2900）**

**命令启动方式**

- 菜单命令：【门窗】/【门窗】。
- 【常用快捷功能 1】工具栏按钮：。
- 命令：T81_TOpening。

启动【门窗】命令，打开【门】对话框，如图 7-3 所示。

图7-3　【门】对话框

1. 在【门】对话框的【编号】文本框中输入"M1"。
2. 单击左侧的平面图像框，弹出【天正图库管理系统】窗口，在门窗图库中选择【平开门】中的"双扇平开门（全开表示）"的平面图块，如图 7-4 所示，双击所选择的图形返回【门】对话框，然后单击该对话框右侧的立面图像框，打开如图 7-5 所示的【天正图库管理系统】窗口，在门窗图库中选择【铝塑门】中的"双扇半玻璃门"的三维图块，双击所选择的图形返回【门】对话框。

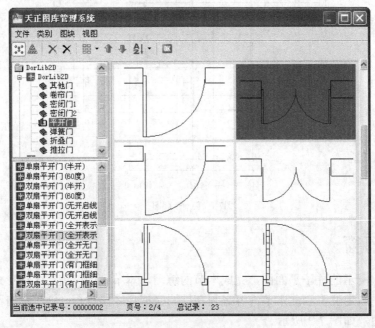

图7-4　选择平面门窗图形

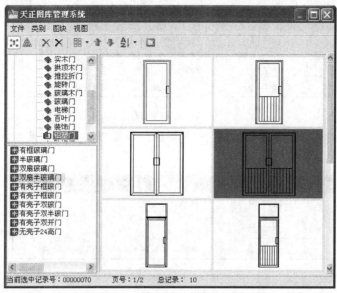

图7-5　选择三维门窗图形

3. 在【门】对话框下侧的工具栏中单击 按钮，然后在【距离】文本框中输入"1000"，如图 7-6 所示。

图7-6　选择插入方式

4. 单击绘图屏幕，将鼠标指针指向轴线 C 外墙，系统提示如下。

　　　　点取门窗大致的位置和开向（shift-左右开）〈退出〉：

　　　　　　　　　//此时鼠标指针应靠近参考轴线，选取墙线的内侧，动态拖动门使其开

　　　　　　　　　向内侧，此时单击墙上一点即可将门插入图中

## 二、 用直墙顺序方式插入卧室门 M2（900×2100）

**命令启动方式**

- 菜单命令:【门窗】/【门窗】。
- 【常用快捷功能 1】工具栏按钮: 。
- 命令: T81_TOpening。

1. 启动【门窗】命令，打开【门】对话框。
2. 单击左侧的平面图像框，弹出【天正图库管理系统】窗口，在门图库中选择单扇平开门的平面图块，双击所选择的图形返回【门】对话框，在【编号】文本框中输入"M2"。
3. 单击右侧的立面图像框，弹出【天正图库管理系统】窗口，在门窗图库中选择单扇装饰门的三维图块，双击所选择的图形返回【门】对话框，如图 7-7 所示。

图7-7　M2 门窗参数

4.　在【门】对话框下侧的工具栏中单击 🔳 按钮，如图 7-8 所示，然后在命令行中输入参数，完成门窗的插入操作。

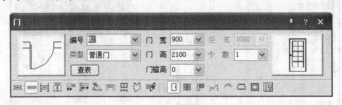

图7-8　选择插入方式

（1）　插入办公房间的房门。

单击绘图屏幕，将鼠标指针指向轴线 2/E、（1/2-3）内墙，靠近轴线 1/2 选取墙线，系统提示如下。

　　　　输入从基点到门窗侧边的距离<退出>：　　　　　　　　　　　　//输入 60

　　　　输入从基点到门窗侧边的距离或{左右翻转[S]/内外翻转[D]}<退出>：　//输入 D

这时即可完成办公房间中房门 M2 的插入操作，并翻转至正确的方向。

（2）　插入卧室门。

重复【门窗】命令，单击绘图屏幕，将鼠标指针指向轴线 1/1、（1/E-F）内墙，在靠近轴线 1/E 处点取墙线，系统提示如下。

　　　　输入从基点到门窗侧边的距离<退出>：　　　　　　　　　　　　//键入 60

　　　　输入从基点到门窗侧边的距离或{左右翻转[S]/内外翻转[D]}<退出>：　//键入 D

此时即可完成卧室门 M2 的插入操作，并翻转至正确的方向。

### 三、　用轴线定距方式插入厨房门 M3（800×2100）

启动【门窗】命令，打开【门】对话框，在【门】对话框下侧工具栏中单击 🔳 按钮，打开【门】对话框，如图 7-9 所示。单击右侧的立面图像框，弹出【天正图库管理系统】窗口，在门窗图库中选择单扇玻璃门的三维图块，双击所选择的图形返回【门】对话框。

图7-9　M3 门窗参数

单击【门】对话框下侧工具栏中的 🔳 按钮，然后输入门宽、门高参数，如图 7-10 所示。

图7-10 设置门宽和门高

然后在绘图窗口中单击一点开始插门，系统提示如下。

点取门窗大致的位置和开向（shift-左右开）<退出>：

//在轴线 2 和轴线（E-2/E）相交的墙体选取墙线

但开始会发现插入点总是偏离指定位置，原因是伸到轴线 2 上的轴线 1/E 的干扰，拖动 1/E 轴线端夹点移开后，再重复命令即可完成 M3 的插入。

### 四、 用垛宽定距方式插入卫浴门 M4（700×2100）

位置在轴线 2/E、（1/1-2）内墙及轴线 1/2、（2/E-F）两处。

插入方式修改为垛宽定距插入方式，在图 7-11 所示的对话框中单击右侧图像框，弹出【天正图库管理系统】窗口，在门窗图库中选择"单扇玻璃百叶门"三维图块，双击所选择的图形，返回【门】对话框，参数设置如图 7-11 所示。

图7-11 M4 门窗参数

插入第一处 M4 时的系统提示如下。插入另一处时将【距离】文本框中改为 500，其他相同。

点取门窗大致的位置和开向（shift-左右开）<退出>：在轴线 1/1（1/A、B）选取墙线

### 五、 插入卧室阳台四扇推拉门 M5（2000×2700）

位置在轴线 F、（1-1/1）处墙处。

在【门】对话框中单击右侧图像框，弹出【天正图库管理系统】窗口，在门窗图库中选择推拉折门类别的"四扇推拉门"三维图块，双击所选择的图形，返回【门】对话框，修改参数如图 7-12 所示。

图7-12 M5 门窗参数

插入方式与前面插入 M3 时的方式一样，同为轴线定距插入方式，注意插入点要靠近轴线 1/1。

最后，平面图中所有门的布置结果如图 7-13 所示。

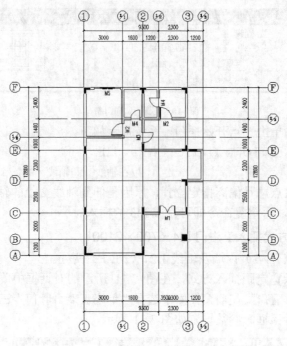

图7-13　门的平面布置图

## 7.1.2　插入窗

插入窗与插入门相比，主要是更多考虑竖向参数的关系，因为窗一定有窗台高参数，与窗高参数配合，使窗始终位于本层的墙内。

**一、　用轴线等分方式插入 C2（1700×2400）**

单击【窗】对话框下侧工具栏中的 ▦ 按钮，显示【窗】对话框，如图 7-14 所示。

图7-14　C2 门窗参数

位置在轴线 1（D、E）处，在轴线 D、E 之间取墙体，系统提示如下。

　　点取门窗大致的位置和开向（shift-左右开）<退出>：

　　指定参考轴线[S]/门窗个数（1～1）<1>：

　　点取门窗大致的位置和开向（shift-左右开）<退出>：

C6 布置类似 C2，只是把窗宽参数改为 1000，其他相同。

**二、　用垛宽定距方式插入 C1（3290×5500）**

C1 窗与幕墙类似，窗台高 260，高度跨楼层，为简单表达起见按窗绘制，在绘制前要修改墙体高度，双击轴 A（1-2）墙体，高度改为 260+5500=5760，垛宽距离为 0。

在【窗】对话框中输入 C1 参数，单击工具栏上的 ▦ 按钮，设置为【垛宽定距插入】模式，然后单击图形屏幕，切换到插入门窗的状态。

位置在轴线 A（1、2）处，交互方式与插入 M4 相同，不再重复。

**三、 用轴线定距方式插入卧室窗 C7（2000×2400）**

与插入 C1 类似，窗台高 900。位置在轴线 1（A、C）处。交互方式与插入 C1 相同，在靠近 C 处插入。

## 7.1.3 插入高窗

**一、 用轴线定距方式插入高窗 C4（600×600）**

单击【窗】对话框下侧工具栏中的▥按钮，显示【窗】对话框，如图 7-15 所示。

图7-15　C4 门窗参数

在【窗】对话框中输入如图 7-15 所示的参数（窗台高为 1900），选中【高窗】文本框后，单击▣按钮，设置为【轴线定距插入】模式，单击图形屏幕，切换到插入门窗的状态。

以轴线 F（2）交点为中心，左右 250 各插入一个 C4。

C3 布置类似 C4，只是把窗宽参数改为 1200，其他相同。

**二、 用垛宽定距方式插入高窗 C5（600×2200）**

此窗的特点是窗台高 2200，加上窗高 2200，窗顶大大超出本楼层高 3300，直接插入 C5 无法在墙中开洞，得到图 7-16 左图所示平面图是不符合制图规范要求的，解决问题的方法是将墙加高到窗顶标高。

**命令启动方式**

- 菜单命令：【墙体】/【墙体工具】/【改高度】。
- 命令：T81_TChHeight。

命令：T81_TChHeight

请选择墙体、柱子或墙体造型：　　　　//选择轴线 D（3-1/3）、E（3-1/3）和 1/3（D-E）3 段墙

请选择墙体、柱子或墙体造型：　　　　　　　　//结束选择

新的高度<3300.00>：4400　　　　　　　　　　//输入新墙高

新的标高<0.00>：　　　　　　　　　　　　　　//按 Enter 键

是否维持窗墙底部间距不变？（Y/N）[N]：Y　　//输入 Y，维持窗墙底部间距不变

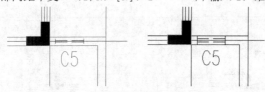

图7-16　调整墙高前后的 C5 插入效果

启动【门窗】命令，单击【窗】对话框下侧工具栏中的▥按钮，打开【窗】对话框，如图 7-17 所示。

图7-17　C5 门窗参数

在【窗】对话框中输入图 7-17 所示的参数，选择【高窗】复选项，单击【垛宽定距插入】按钮 ，在【距离】文本框中输入 120，单击绘图窗口，切换到插入门窗的状态。

位置在轴线 D 和 E 上，靠轴线 3 右方 120 处各插入一个 C5。

## 7.1.4　插入门连窗

用沿直墙顺序方式插入 MC-1（1800×2600）。

启动【门窗】命令，单击【窗】对话框下侧工具栏中的 按钮，打开【门连窗】对话框，如图 7-18 所示。

图7-18　MC1 门连窗参数

在【门连窗】对话框中输入如图 7-18 所示的参数，其中可以独立选择门与窗的高宽参数（默认门连窗的门与窗两者的顶标高一致），单击 按钮，单击图形屏幕，切换到插入门窗的状态。

位置在轴线 3（E、2/E）处，插入时在靠近轴 E 的一端点取墙体，门连窗紧靠柱子插入。

应该注意的是，插入门连窗时与插入门很相似，应注意门的开向，在插入时可以通过热键 S 和 D 进行调整，系统提示如下。

点取直墙<退出>：

输入从基点到门窗侧边的距离<退出>：　　　　　　　　　　　　　　　　　//按 O 键

输入从基点到门窗侧边的距离{左右翻转[S]内外翻转[D]<退出>：　　//按 S 键

输入从基点到门窗侧边的距离{左右翻转[S]内外翻转[D]<退出>：　　//按 D 键

经过两次翻转之后，已经按正确的方向插入了门连窗的名称 MC1，如图 7-19 所示。

（a）翻转前　　　　　　　　　　　　　（b）翻转后

图7-19　插入门连窗

最后，平面图中所有窗的布置结果如图 7-20 所示。

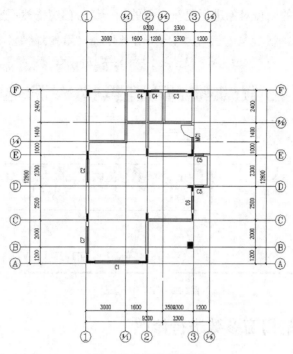

图7-20　窗的平面布置图

## 7.2　门窗的编辑与修改

以下对不同的门窗修改情况分别进行介绍。

### 7.2.1　对同一编号的门窗参数进行修改

使用对象编辑方式进行修改，由于同一个编号的门窗在平面图中常常不止使用过一次，修改后命令会自动进行提示对其他同编号门窗的更新与否，应注意回应的选择是否合适。

下面试将平面图中的一个 C4 窗的窗高改为 900。只要双击 C4 窗，就出现与该门窗类型对应的对象编辑对话框，如图 7-21 所示，在该对话框中修改窗高为 900，单击 确　定 按钮退出此对话框。

图7-21　门窗对象的编辑参数

注意这个对象编辑对话框与前面介绍的新建门窗参数对话框相比，参数输入部分是相同的，只是下部没有工具栏，必须单击 确　定 或 取　消 按钮退出，然后系统提示如下。

还其他 1 个相同编号的门窗也同时参与修改？（Y/N）[Y]：

在命令行中选择 Y，按 Enter 键，表明将图中所有 C4 窗都统一进行更新，如果输入

N，此修改仅仅对当前的门窗对象进行更新，别的同一编号门窗依然不变。

　即使选择 N，依然要使用改门窗命令，对刚刚改动过的门窗重新命名，否则在验证门窗表时会用粉红色表示出与原尺寸不同的门窗尺寸，如图 7-22 所示。

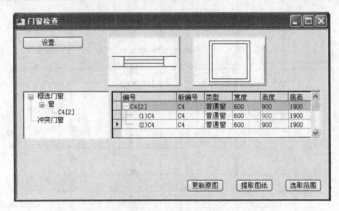

图7-22　门窗编号验证

## 7.2.2　仅对个别的门窗参数进行修改

由于同一编号的门窗在平面图中常常不止使用过一次，如仅仅是修改其中之一参数，仍使用对象编辑方式进行修改，此时应注意在图 7-21 所示的对话框中更改已经修改参数的门窗编号，使它与原来相同编号的门窗区别开。

下面试将平面图中的 C4 窗改为 900，重命名为 C4A，双击 C4 窗，出现与该门窗类型对应的对象编辑对话框，在该对话框中修改窗高为 900，如图 7-23 所示。进入编号编辑框，将 C4 改为 C4A，单击　确　定　按钮退出此对话框。

此时再运行门窗检查命令，结果如图 7-23 所示。

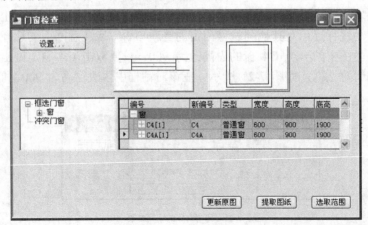

图7-23　门窗编号验证

可见门窗表已经不存在错误显示。

### 7.2.3　对多个门窗参数进行统一修改

使用新建普通门窗/特殊门窗的方式，在对话框中选择要统一的门窗编号，修改门窗参数及平面立面图形之后，使用工具栏替换图中已插入门窗方式，选择图中多个要替换的门窗，一次性进行统一替换。

下面将平面图中所有 C4 窗高统一改回 600，把 C3 窗也改为 C4。

在【窗】对话框下侧的工具栏中单击　按钮，对话框出现变化，如图 7-24 所示。

图7-24　门窗更换

此时可以在右侧出现的列表中选择更新的项目，不要选择要保留的项目，然后直接单击绘图区域，在其中选择需要更新的 C4 窗和 C3 窗，按 Enter 键退出完成所有窗的替换工作。

## 7.3　综合实例——门窗绘制练习

打开附盘文件"dwg\第 7 章\7-1.dwg"，柱子平面图如图 7-25 所示。

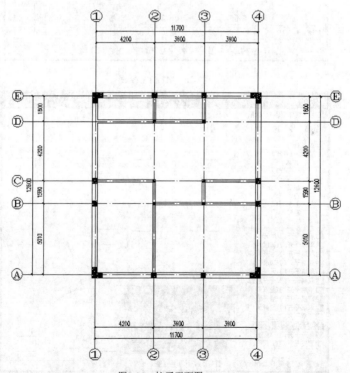

图7-25　柱子平面图

绘制某住宅楼门窗。根据建筑设计要求，插入整栋建筑物的门窗，门窗参数如表 7-1 所示。

表 7-1 门窗参数

| 类别 | 编号 | 门窗参数 | 个数 | 地面高度 |
|------|------|----------|------|----------|
| 窗 | C1 | 1800×2100 | 6 | 900 |
| | C2 | 2100×2100 | 1 | 900 |
| | C3 | 900×1500 | 1 | 900 |
| 门 | M1 | 900×2100 | 5 | 0 |
| | M2 | 1200×2100 | 1 | 0 |

### 一、门绘制练习

在建筑图中按照垛宽定距的方式插入 M1，并用【墙体】/【内外翻转】及【墙体】/【左右翻转】命令改变门的开启方向。

启动【门窗】命令显示【门】对话框，如图 7-26 所示，单击【门】对话框左边的图案，进入【天正图库管理系统】窗口，选择"单扇平开门（有门框细节）"选项，如图 7-27 所示，双击该图案，返回【门】对话框；单击【门】对话框右边的图案，进入【天正图库管理系统】窗口，选择【实木门】选项下的"实木工艺门 8"图案，如图 7-28 所示，双击该图案，返回【门】对话框；输入门编号"M1"及相关参数，"M1"的插入模式采用垛宽定距的方式，设置【距离】选项参数为"300"，单击 按钮，即可进行门的插入操作。

图7-26　M1 门窗参数

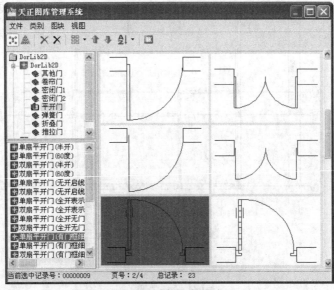

图7-27　【天正图库管理系统】窗口（1）

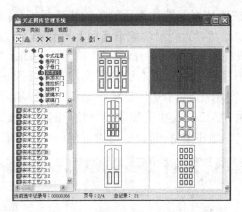

图7-28 【天正图库管理系统】窗口（2）

启动【门窗】命令，系统提示如下。

命令：T81_TOpening

点取门窗大致的位置和开向(Shift-左右开)<退出>://把鼠标指针放到墙体上，会显示门的平面图形状，移动鼠标可改变门的开启方向，在 a、b、c、d、e 处开启门的墙体位置上用鼠标右键单击一点

点取门窗大致的位置和开向(Shift-左右开)<退出>://按 Enter 键

执行【左右翻转】命令对图中已插入的门进行翻转操作。

**命令启动方式**

- 菜单命令:【门窗】/【左右翻转】。
- 命令: T81_TMirWinLR。

启动【左右翻转】命令，系统提示如下。

命令：T81_TMirWinLR

选择待翻转的门窗:找到 1 个　　//单击需要翻转的轴线 B 上的 M1

选择待翻转的门窗：找到 1 个　　//单击需要翻转的轴线 3 上的 M1

选择待翻转的门窗：　　　　　　//按 Enter 键

插入 M1 后的效果如图 7-29 所示。

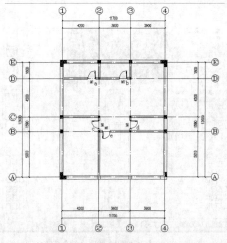

图7-29 插入 M1 的效果

在图 7-29 的基础上，按照依据选取位置两侧的轴线进行等分插入的方式 插入 M2。

显示【门】对话框，如图 7-30 所示，单击【门】对话框左边的图案，进入【天正图库管理系统】窗口，选择"双扇平开门（有门框细节）"图案，如图 7-31 所示，双击该图案，返回到【门】对话框；单击【门】对话框右边的图案，进入【天正图库管理管理系统】，选择【实木门】选项下的"实木工艺门 7"图案，如图 7-32 所示，双击该图案，返回到【门】对话框；输入门编号"M2"及相关参数，"M2"的插入模式采用依据选取位置两侧的轴线进行等分插入的方式，单击 按钮，即可进行门的插入操作。

图7-30　M2 门窗参数

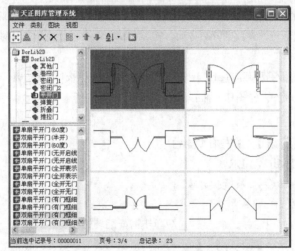

图7-31　【天正图库管理系统】窗口（1）

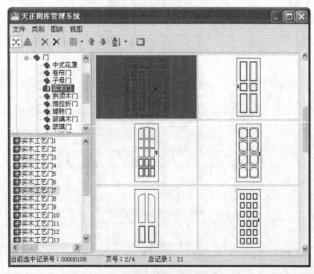

图7-32　【天正图库管理系统】窗口（2）

启动【门窗】命令。

命令: T81_TOpening.

点取门窗大致的位置和开向(Shift-左右开)<退出>://在轴线 1 与轴线 C、D 相交的墙体上选
取墙体，把鼠标指针放到墙体上，调整鼠标指针使门向内侧敞开后，
单击墙体

指定参考轴线[S]/门窗或门窗组个数(1~3)<1>: //选取轴线 1

点取门窗大致的位置和开向(Shift-左右开)<退出>://按 Enter 键

插入 M2 后的效果如图 7-33 所示。

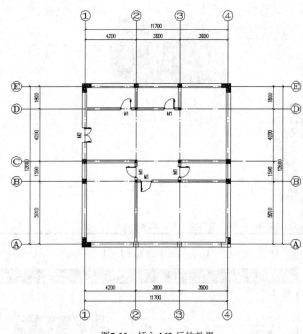

图7-33 插入 M2 后的效果

### 二、 窗绘制练习

在建筑图中启动【门窗】命令，按照依据选取位置两侧的轴线进行等分插入的方式 □
插入 C1（1800*2100）。

**命令启动方式**

- 菜单命令：【门窗】/【门窗】。
- 常用快捷功能 1 工具栏按钮： □。
- 命令：T81_TOpening.

显示【门】对话框，单击窗 □ 按钮，切换到【窗】对话框，如图 7-34 所示，单击
【窗】对话框左边的图案，进入【天正图库管理系统】窗口，选择【WINLIB2D】选项下的
"四线表示"图案，如图 7-35 所示，双击该图案，返回【窗】对话框；单击【窗】对话框
右边的图案，进入【天正图库管理系统】窗口，选择【有亮子】选项下的"平开窗 11"图
案，如图 7-36 所示，双击该图案，同样返回【窗】对话框；输入窗编号"C1"及相关参数，
【窗高】为 900，"C1"的插入模式采用依据点取位置两侧的轴线进行等分插入的方式，单
击 □ 按钮，即可进行窗的插入。

图7-34　C1 窗参数

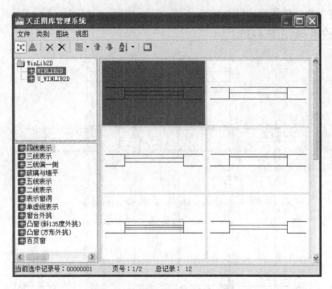

图7-35　【天正图库管理系统】窗口（1）

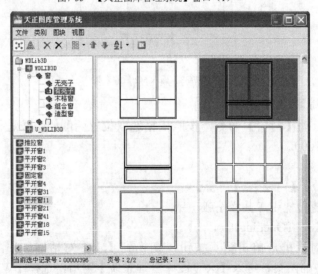

图7-36　【天正图库管理系统】窗口（2）

启动【门窗】命令，系统提示如下。

命令: T81_TOpening

点取门窗大致的位置和开向(Shift－左右开)<退出>://在轴线 A 与轴线 E 上点取墙体，把鼠标指针放到墙体上，调整鼠标使窗的编号位于内侧后，点击墙体

指定参考轴线[S]/门窗或门窗组个数(1~3)<1>:　　　//点取轴线 A 或 E

点取门窗大致的位置和开向(Shift－左右开)<退出>:　　//按 Enter 键或右键结束操作

按照建筑设计的要求,在轴线 A 和 E 上分别插入 3 个 C1,插入 C1 后的效果如图 7-37 所示。

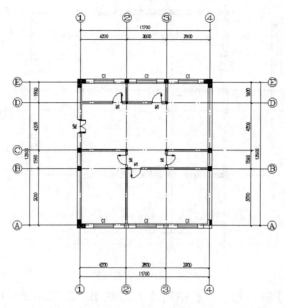

图7-37　插入 C1 后的效果

重复门窗插入命令,在轴线 1 与轴线 A、B 的相交墙体上插入 C2,把【窗】对话框的参数稍做改动,设置编号为"C2",窗宽高度由"1800"改为"2100",其他不变,如图 7-38 所示,单击【窗】对话框中的▥按钮,在轴线 1 的墙体上插入 C2。

图7-38　C2 窗参数

命令提示如下。

命令: T81_TOpening

点取门窗大致的位置和开向(Shift－左右开)<退出>://在轴线 1 与轴线 A、B 墙体相交处,把

鼠标指针放到墙体上,调整鼠标使窗的编号位于外侧后,点击墙体

指定参考轴线[S]/门窗或门窗组个数(1~3)<1>:　　　//点取轴线 1

点取门窗大致的位置和开向(Shift－左右开)<退出>:　　//按 Enter 键或右键结束操作

插入 C2 的效果如图 7-39 所示。

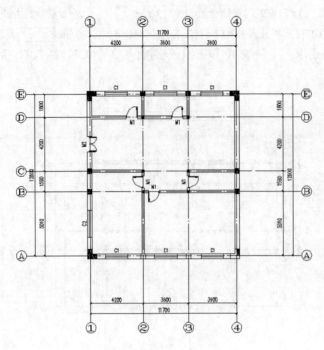

图7-39　插入 C2 后的效果

重复同样的【门窗】插入命令，在轴线 1 与轴线 B、C 的相交墙体上插入高窗 C3，高窗的平面表示线为虚线，如图 7-40 所示，与其他窗存在一定的区别。重新设置【窗】对话框的参数，设置编号为"C3"，窗宽×窗高为"900×1500"，并选择【高窗】复选项，设置【窗台高】为"1500"，其他参数设置不变。如图 7-41 所示，单击【窗】对话框中的 按钮，在轴线 1 的墙体上插入 C3。

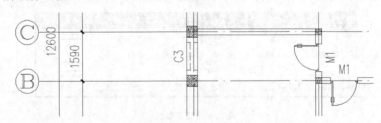

图7-40　高窗的虚线表示

图7-41　C3 窗参数

命令提示如下。

命令：T81_TOpening

点取门窗大致的位置和开向(Shift－左右开)<退出>://在轴线 1 与轴线 B、C 墙体相交处，把鼠标指针放到墙体上，调整鼠标使窗的编号位于外侧后，单击

墙体

指定参考轴线[S]/门窗或门窗组个数(1~3)<1>:　　　　//选取轴线 1

点取门窗大致的位置和开向(Shift-左右开)<退出>:　　//按 Enter 键

插入 C3 的效果及门窗最终结果如图 7-42 所示。

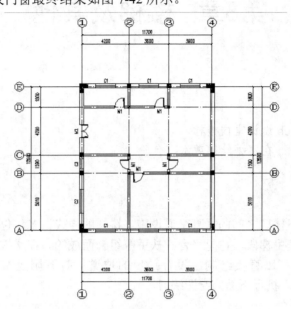

图7-42　门窗的最终结果

# 第8章 楼梯及其他

## 【学习指导】

- 学习使用 TArch 设计室内楼梯。
- 熟悉使用 TArch 在室外绘制散水、台阶。

## 8.1 室内楼梯

楼梯是连接上、下楼层之间的垂直交通设施。楼梯的样式很多，包括双跑楼梯、多跑楼梯、弧形楼梯等，它是由梯段、休息平台、扶手等组合而成的。在【楼梯】对话框中提供了【坡道】选项，用户可以直接绘制出没有踏步的坡道。打开附盘文件"dwg\第 8 章\8-1.dwg"的门窗平面图，执行下面的绘图练习。

### 8.1.1 双跑楼梯设计

**命令启动方式**

- 菜单命令:【楼梯其他】/【双跑楼梯】。
- 【常用快捷功能 2】工具栏按钮: ▦。
- 命令: T81_TRStair。

显示【双跑楼梯】对话框，如图 8-1 所示。

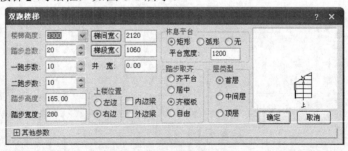

图8-1 【双跑楼梯】对话框

(1) 输入楼梯参数。

本节中楼梯高度默认取层高 3300，梯间宽度为 2120，通过单击 梯间宽< 按钮从图中直接单击量取，踏步宽为 280，踏步数为 20，踏步高由其他参数通过对话框求出，如图 8-1 所示。

(2) 插入楼梯。

参数输入结束后，系统提示如下。

点取位置或 [转 90 度(A)/左右翻(S)/上下翻(D)/对齐(F)/改转角(R)/改基点(T)]<退出>:

插入方向不一定符合要求，因此要输入 A 旋转，输入 S 或 D 翻转上楼方向，拖动楼梯将插入基点插入梯间角点，如图 8-2 所示。

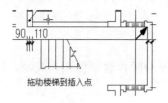

图8-2　拖动插入楼梯

(3) 楼梯方向线。

插入楼梯后，由于楼梯是天正对象，它在平面图上符合施工图的制图规定，底层楼梯仅仅显示第一跑，如图 8-3 所示。

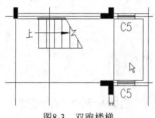

图8-3　双跑楼梯

在平面图中，楼梯方向线是自动生成的，不需要用户进行其他操作，加上方向线即是完整的平面楼梯施工图。

(4) 楼梯剖切位置调整。

楼梯对象提供了调整剖切线角度与位置的夹点，单击楼梯对象会显示如图 8-4 所示的状态，拖动剖切线的夹点，即可调整剖切线的位置和角度。

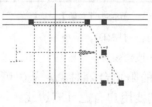

图8-4　改变剖切位置

## 8.1.2　楼梯扶手与栏杆

本节中使用的是预定义的双跑楼梯形式，这种形式己经把楼梯扶手包括在内一次完成，但是没有选择【自动生成栏杆】复选项，其他楼梯形式中没有包括扶手在内，还要逐一定义。以下先使用本例的扶手练习加栏杆的方法，在练习中学习如何给几种常用楼梯添加扶手与栏杆。

栏杆在平面图上是不需要表示的，只有做室内透视和三维建模时要添加栏杆。因此，栏杆的命令就没有放在【楼梯其他】菜单中，而是放在【三维建模】菜单下的【造型对象】对话框中。栏杆制作的顺序是先选择栏杆的类型，可以自行绘制断面再拉伸高度生成，也可以直接从栏杆图库里面选取预先定义好的栏杆单元。

## 8.2  其他

其他设施包括台阶、花池、散水等内容。

### 8.2.1  绘制台阶与花池

在本实例中，主入口有一个直台阶，台阶侧面有花池，次入口也有一个直台阶，下面分别进行设计。

**一、 绘制直台阶**

1.  在轴线 2-3 与 A-C 间设计一个步宽为 300 的直台阶。

(1) 设计台阶的边线与外墙是对齐的，平台应该后退两个步宽 600，从轴线 A 向内偏移 600 做一条辅助线，台阶与柱子里皮对齐，从轴线 3 向内偏移 500 做第二条辅助线。

(2) 使用【台阶】命令绘制直台阶。

**命令启动方式**

- 菜单命令：【楼梯其他】/【台阶】。
- 命令： T81_TStep。

显示【台阶】对话框，设置踏步宽度为 300，平台宽度为 2510，单击【矩形单面台阶】按钮 ▤，如图 8-5 所示。

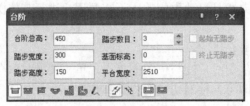

图8-5  【台阶】对话框

指定第一点或[中心定位(C)/门窗对中(D)]<退出>：        //选取轴 2 与轴 C 的墙体内交点

第二点或 [翻转到另一侧(F)]<取消>：            //选取轴 C 与辅助线的内交点

随即生成如图 8-6（b）所示的阳角台阶对象。从中可以看出台阶的侧面没有画边线，如果没有侧墩或花池与之连接，则要用户自己补充边线。在三维轴测视图下观察，可以看到台阶顶面与台阶的实体效果。

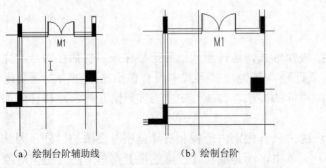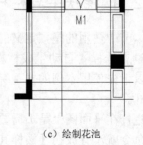

（a）绘制台阶辅助线            （b）绘制台阶            （c）绘制花池

图8-6  台阶与花池

完成台阶则将剩下的二维散水与轮廓线等多余线条用 Erase 命令删除。

2. 在轴线 3（E-2/E）间绘制一个直跑台阶。

台阶有一个平台，长度为 600，台阶宽度从轴线 1/1 到轴线 2 墙皮，踏步宽 300，踏步高 150，一侧有从室外地坪开始的高 500、宽 360、长 1200 的侧墩。启动【台阶】命令，系统提示如下。

  命令：T81_TStep。

  指定第一点或 [中心定位(C)/门窗对中(D)]<退出>：   //选取轴 3 与轴 E 的墙体内交点

  第二点或 [翻转到另一侧(F)]<取消>：     //选取轴 3 与轴 2/E 的交点

绘制完成的台阶如图 8-7 所示。

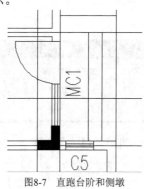

图8-7　直跑台阶和侧墩

**二、 绘制花池和侧墩**

1. 在轴线 3（A-C）间绘制一个 500×3100 的花池。

(1) 利用矩形命令建立花池的轮廓线。单击【绘图】工具栏中的矩形工具按钮□，系统提示如下。

  命令：_rectang

  指定第一个角点或 [倒角(C)/标高(E)/圆角(F)/厚度(T)/宽度(W)]： //选择方柱左上角

  指定另一个角点或 [面积(A)/尺寸(D)/旋转(R)]：@500,1500 //指定另一点的相对坐标

(2) 花池墙厚 80，向内作一个偏移。单击【修改】工具栏中的偏移按钮，系统提示如下。

  命令：OFFSET

  指定偏移距离或 [通过(T)/删除(E)/图层(L)] <500>：80  //输入花池厚度

  选择要偏移的对象，或 [退出(E)/放弃(U)] <退出>：   //选择矩形花池墙线

  指定要偏移的那一侧上的点，或 [退出(E)/多个(M)/放弃(U)] <退出>：//选取花池墙线内侧

  选择要偏移的对象，或 [退出(E)/放弃(U)] <退出>：  //按 Enter 键退出

其平面效果如图 8-6（c）所示。

2. 在轴线 2/E（3-1/3）间绘制一个 360×1200 的侧墩 6。单击 □ 按钮，系统提示如下。

  命令：_rectang

  指定第一个角点或 [倒角(C)/标高(E)/圆角(F)/厚度(T)/宽度(W)]://选择台阶左下角

  指定另一个角点或 [面积(A)/尺寸(D)/旋转(R)]:@360,1200  //输入另一点的相对坐标

## 8.2.2　绘制散水

使用【散水】命令，在外墙外侧绘制散水，在城市街区中设计建筑，常不必绘制散水。

(1) 沿外墙绘制二维散水。

**命令启动方式**

- 菜单命令：【楼梯其他】/【散水】。
- 命令：T81_TOutlna。

启动【散水】命令，系统显示如图 8-8 所示的【散水】对话框，设置散水宽度为 600，偏移距离为−600，单击任意绘制按钮 。

命令：T81_TOutlna

请点取散水起点<退出>：　　　　　　　　　　//选取起始点 a

下一点或 [弧段(A)/回退(U)/闭合(C)]<退出>：　//依次选取其他点 b、c、d、e、f、g

生成的二维散水如图 8-9 所示。

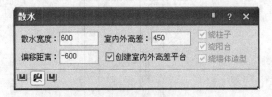

图8-8　【散水】对话框

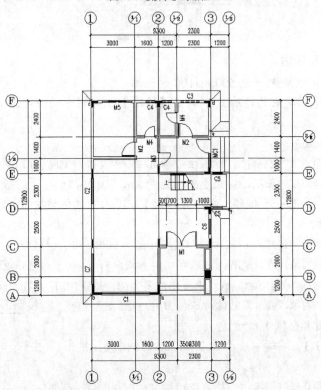

图8-9　二维散水

(2)　沿外墙绘制三维散水。

如果不作三维模型，不必生成三维散水，否则必须在二维散水的基础上生成，而且宽度要求相同。生成的二维散水属于天正自定义的路径曲面，每一条边都可以用夹点拉伸改变位置，但是散水宽度不能改变，也不能使用修剪命令（Trim）截断三维散水，图 8-10 所示为三维散水的生成实例。

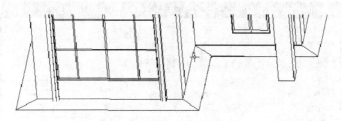

图8-10 三维散水的生成实例

# 8.3 综合实例——楼梯及其他绘制练习

打开附盘文件"dwg\第 8 章\8-2.dwg",幼儿园门窗平面图如图 8-11 所示。

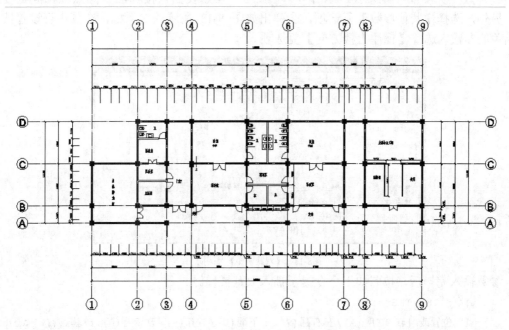

图8-11 幼儿园门窗平面图

**一、 绘制双跑楼梯**

在幼儿园门窗平面图的基础上完成双跑楼梯的绘制工作,首先在轴线 3、4 与轴线 C、D 相交的开间里插入楼梯。

**命令启动方式**

- 菜单命令:【楼梯其他】/【双跑楼梯】。
- 【常用快捷功能 2】工具栏按钮:▦。
- 命令: T81_TRStair。

启动【双跑楼梯】命令,弹出【双跑楼梯】对话框,如图 8-12 所示。

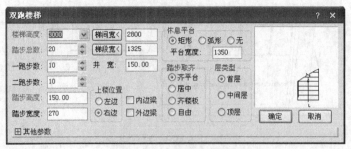

图8-12　【双跑楼梯】对话框

TArch 8.5 提供的楼梯插入块，可在参数设置好后一次性整体插入，在【双跑楼梯】对话框中，设置楼梯高度为"3000"，踏步高度为"150"，踏步宽度为"270"，井宽为"150"等相关参数，如图 8-12 所示。单击 梯间宽< 按钮，在想要插入楼梯的开间点取梯间宽度即可。另外，选择【其他参数】复选项，会弹出如图 8-13 所示的对话框，在其中可设置扶手等相关的参数，选择【标注上楼方向】复选项。

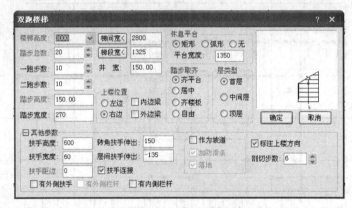

图8-13　【双跑楼梯】对话框

参数输入完毕后，按照如下命令提示插入双跑楼梯。

命令：T81_TRStair

点取位置或 [转 90 度(A)/左右翻(S)/上下翻(D)/对齐(F)/改转角(R)/改基点(T)]<退出>：

　　　　　　　　　//在轴线 3、4 与轴线 C、D 相交的开间里插入楼梯

点取位置或 [转 90 度(A)/左右翻(S)/上下翻(D)/对齐(F)/改转角(R)/改基点(T)]<退出>：

　　　　　　　　　//在轴线 7、8 与轴线 C、D 相交的开间里插入楼梯

执行完上述相关双跑楼梯操作后，结果如图 8-14 所示。

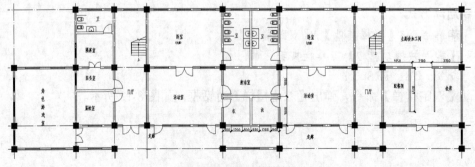

图8-14　插入双跑楼梯效果

## 二、 绘制坡道

在图 8-14 的基础上完成坡道的绘制工作，首先在轴线 A 与轴线 3、5 相交的位置处插入坡道。

**命令启动方式**

- 菜单命令：【楼梯其他】/【坡道】。
- 命令：T81_TAscent。

启动【坡道】命令，弹出【坡道】对话框，如图 8-15 所示。

图8-15 【坡道】对话框

在【坡道】对话框中设置坡道长度为"2000"，坡道高度为"600"，坡道宽度为"11250"等相关参数，如图 8-15 所示。

参数输入完毕后，系统提示如下。

命令: T81_TAscent

点取位置或 [转 90 度(A)/左右翻(S)/上下翻(D)/对齐(F)/改转角(R)/改基点(T)]<退出>:

//在轴线 A 与轴线 3、5 相交的位置处点取合适位置插入坡道

执行完上述命令操作后，【坡道】对话框没有关闭，直接修改坡道宽度参数为"7400"，其他参数保持不变，按如下提示操作。

点取位置或 [转 90 度(A)/左右翻(S)/上下翻(D)/对齐(F)/改转角(R)/改基点(T)]<退出>:

//在轴线 A 与轴线 6、7 相交的位置处选取合适位置插入坡道

重复上述操作，把坡道宽度参数改为"7700"，其他参数保持不变，按如下提示进行操作。

点取位置或 [转 90 度(A)/左右翻(S)/上下翻(D)/对齐(F)/改转角(R)/改基点(T)]<退出>:

//在轴线 A 与轴线 8、9 相交的位置处选取合适位置插入坡道。

执行完上述所有相关坡道操作后，结果如图 8-16 所示。

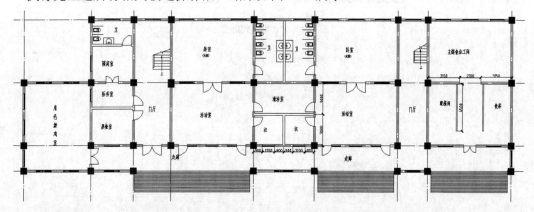

图8-16 插入坡道效果

### 三、 绘制散水

在图 8-16 的基础上完成散水的绘制工作。

启动【散水】命令，弹出如图 8-17 所示的【散水】对话框。

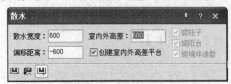

图8-17 【散水】对话框

在【散水】对话框中设置散水宽度为"600"，偏移距离为"－600"，室内外高差为"600"，并选择【创建室内外高差平台】复选项，单击该对话框下方工具栏的 按钮，在图 8-16 中绘制散水（用户也可以自己练习一下搜索自动生成按钮 和选择已有路径生成按钮 绘制散水），系统操作提示如下。

命令: T81_TOutlna

请点取散水起点<退出>:                    //在图中选取任一点为起点

下一点或[弧段(A)]<退出>:                 //选取建筑物的拐点

下一点或 [弧段(A)/回退(U)]<退出>:        //依次选取建筑物的拐点

下一点或 [弧段(A)/回退(U)/闭合(C)]<退出>:  //按 Enter 键结束操作

按上述操作后，系统会在建筑物的外围形成一个环绕柱子、墙体及门窗的整体散水布置图，结果如图 8-18 所示。

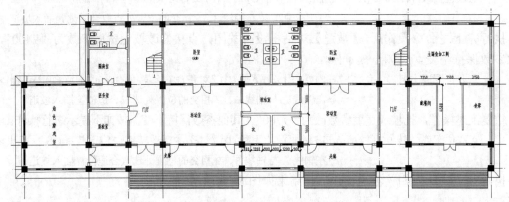

图8-18 散水绘制效果图

# 第9章 尺寸与符号标注

## 【学习指导】

- 熟悉 TArch 自定义尺寸与符号标注对象的特性与优点。
- 掌握快速标注各种符合国家建筑制图规范的符号与尺寸。

## 9.1 尺寸标注

打开附盘文件"dwg\第 9 章\9-1.dwg"的平面图，执行下面的绘图练习。

在本节练习的平面图中，每一个外立面方向和外墙门窗形式都有所不同，这里选择比较典型的北外墙（轴线 F）用来做门窗标注命令的练习。

### 9.1.1 门窗标注

标注轴线 F 外墙的门窗尺寸。

**命令启动方式**

- 菜单命令：【尺寸标注】/【门窗标注】。
- 工具栏按钮：⛁。
- 命令：T81_TDim3。

启动【门窗标注】命令，系统提示如下。

```
命令：T81_TDim3
请用线选第一、二道尺寸线及墙体！
起点<退出>：              //取 M5 下边一点 a
终点<退出>：              //取 M5 上边另一点 b
选择其他墙体：            //取两对角线点 c 与 d 框选范围，如图 9-1 所示
指定对角点：找到 1 个，总计 3 个
选择其他墙体：            //按 Enter 键结束选择
```

生成第三条尺寸线，即完成门窗尺寸的标注，用 Move 命令分别选取 3 条尺寸线，进行尺寸线之间的间距调整，结果如图 9-2 所示。由于天正自定义尺寸标注对象的特点，每一条尺寸线都是一个连续的对象，移动时十分方便。

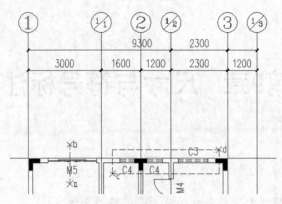

图9-1 门窗标注取点

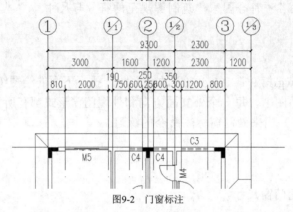

图9-2 门窗标注

## 9.1.2 墙厚标注

利用【墙厚标注】命令，用户可根据需要为图中的相应墙体进行尺寸标注。

**命令启动方式**

- 菜单命令:【尺寸标注】/【墙厚标注】。
- 命令: T81_TdimWall。

启动【墙厚标注】命令，系统提示如下。

命令: T81_TdimWall

直线第一点<退出>:                //在标注尺寸线处单击起始点 a

直线第二点<退出>:                //在标注尺寸线处单击结束点 b

在需要标注墙厚的一道或多道墙体的两侧，分别单击两点后，即可在这两点连线所经过的全部墙体上标出墙厚尺寸，命令结束后，显示结果如图 9-3 所示。

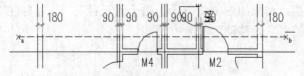

图9-3 墙厚标注取点及标注

## 9.1.3 两点标注

【两点标注】命令可为两点连线附近有关系的轴线、墙线、门窗、柱子等构件标注尺寸,并可任意添加标注点。

**命令启动方式**

- 菜单命令:【尺寸标注】/【两点标注】。
- 命令: T81_TdimTP。

启动【两点标注】命令,系统提示如下。

命令: T81_TdimTP

起点(当前墙面标注)或 [墙中标注(C)]<退出>:　　//在标注尺寸线一端选择起始点 a

终点<退出>:　　　　　　　　　　　　　　//在标注尺寸线另一端选择结束点 b

这两点决定了要标注尺寸线的位置与方向,两点连线经过的各轴线、墙线和门窗线等均亮显,系统提示如下。

请选择不要标注的轴线和墙体:　　　　　　//单击不要标注的轴线或按 Enter 键

选择其他要标注的门窗和柱子:找到 1 个　　//单击 M1

请输入其他标注点或 [参考点(R)]<退出>:　//选择还需要标注的对象或输入 U 撤销标注点

此时可用任意一种选取对象的方法,选择其他需要标注尺寸的对象,按 Enter 键即可完成尺寸的标注,如图 9-4 所示。

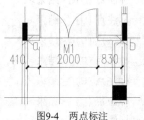

图9-4　两点标注

## 9.1.4 内门标注

【内门标注】命令用于标注室内门窗的尺寸及定位尺寸线,其中定位尺寸线与邻近的正交轴线或者墙角(墙垛)相关。在此标注轴线 2 的室内门 3 尺寸。

**命令启动方式**

- 菜单命令:【尺寸标注】/【内门标注】。
- 命令: T81_TDimInDoor。

启动【内门标注】命令,系统提示如下。

命令: T81_TDimInDoor

标注方式: //轴线定位。用直线的方式点取门窗内外侧选门窗,并且第二点作为尺寸线位置

起点或 [垛宽定位(A)]<退出>://在门窗要标注定位线的一侧选择起点,使得连线穿过要标注
　　　　　　　　　　　的室内门窗

终点<退出>:　　　　　　　　　　//选择终点,使得终点位置在尺寸线标注位置上

完成的内门尺寸标注如图 9-5 所示。

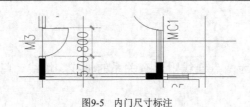

图9-5 内门尺寸标注

## 9.1.5 逐点标注

标注轴线 1 的门窗尺寸。

**命令启动方式**

- 菜单命令:【尺寸标注】/【逐点标注】。
- 命令: T81_TDimMP。

启动【逐点标注】命令,系统提示如下。

```
命令: T81_TDimMP
起点或 [参考点(R)]<退出>:                        //给出 a 点
第二点<退出>:                                   //给出 b 点
请点取尺寸线位置或 [更正尺寸线方向(D)]<退出>:       //选择适当尺寸线位置选取点
请输入其他标注点或 [撤消上一标注点(U)]<结束>:        //给出 c 点
请输入其他标注点或 [撤消上一标注点(U)]<结束>:        //给出 d 点
请输入其他标注点或 [撤消上一标注点(U)]<结束>:        //给出 e 点
请输入其他标注点或 [撤消上一标注点(U)]<结束>:        //给出 f 点
请输入其他标注点或 [撤消上一标注点(U)]<结束>:        //给出 h 点
请输入其他标注点或 [撤消上一标注点(U)]<结束>:        //给出 i 点
请输入其他标注点或 [撤消上一标注点(U)]<结束>:        //给出 j 点
请输入其他标注点或 [撤消上一标注点(U)]<结束>:        //给出 k 点
请输入其他标注点或 [撤消上一标注点(U)]<结束>:        //按 Enter 键结束
```

命令交互完毕,按 Enter 键即可完成尺寸的标注,如图 9-6 为轴线 1 的标注尺寸及点取点。

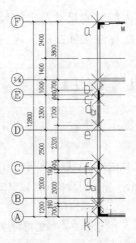

图9-6 逐点标注实例

图中的尺寸文字经过夹点拖动被修改到合理的位置，由于 TArch 的尺寸标注是自定义对象，其尺寸界线长度、尺寸文字位置都可以逐一通过夹点拖动修改，即使同一道尺寸线分段众多，也依然属于同一个尺寸标注对象，可一起移动位置，享有统一的尺寸界线长度，编辑时特别方便。

## 9.1.6 符号标注

TArch 的自定义符号标注对象可方便地标注标高符号，绘制剖切号、指北针、箭头、详图符号，引出标注符号等。使用自定义符号为图形对象定义了智能化的符号对象，用自定义符号对象绘制的各种工程符号都提供了夹点功能，以及各对象的特性数据，除了可以在插入符号的过程中输入热键以改变选项外，还可在图中已有的符号上，根据不同要求，由夹点拖动或者使用对象特性编辑功能更改符号的特性。

TArch 的符号对象可随图形指定范围的绘图比例的改变而改变，对符号大小、文字字高等参数进行适当调整，以满足规范的要求。其中的剖面符号除了可以满足施工图的标注要求外，还为剖面图的生成定义了与平面图的对应规则。

## 9.1.7 房间面积标注

房间面积标注包括房间名称标注和房间面积标注两项，后者是指室内由墙体、柱子所划分的平面净面积，TArch 可以自动搜索房间面积，虽然面积标注没有列在符号标注菜单中，但也是一种类似的自定义对象，其属性通过快捷菜单的对象编辑功能进行修改。

**命令启动方式**
- 菜单命令：【房间屋顶】/【搜索房间】。
- 命令：T81_TUpdSpace。

启动【搜索房间】命令，打开如图 9-7 所示的对话框。

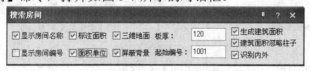

图9-7 【搜索房间】对话框

在【搜索房间】对话框中选择需要在图中显示的选项。

请选择构成一完整建筑物的所有墙体(或门窗)<退出>：　　　//在建筑外墙外选取右上角一点 a
指定对角点：　　　　　　　　　　　　　　　　　　　//在建筑外墙外选取左下角一点 b

完成了初步的房间面积标注，如图 9-8 所示，图中默认的房间名称都是"房间"面积搜索出来的，分两行标注在各房间中央。

下面通过对象编辑修改房间名称，以客厅所在的房间名称为例来说明。

(1) 在要修改处的房间名称"房间"上单击鼠标右键，打开如图 9-9（a）所示的快捷菜单，选择【对象编辑】命令打开【编辑房间】对话框。

(2) 将鼠标指针移至名称编辑框内，右侧出现对应的常用名称列表，在其中找到"客厅"名称，双击采用"客厅"作为房间名称。如果房间存在地板图案填充，应选择【屏蔽掉背景】选项，要建立室内三维模型，应选择【封三维地面】选项，其他需要显示的选取对应的选项即可。

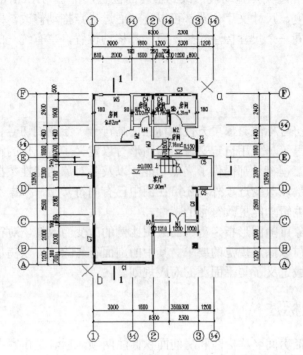

图9-8 房间面积标注

（a）快捷菜单

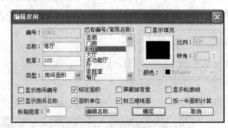

（b）【编辑房间】对话框

图9-9 修改房间名称

（3）单击 确定 按钮，退出【编辑房间】对话框。

分别选择每一个房间名称，然后选择快捷菜单中的【对象编辑】命令，逐一修改房间名称，将"房间"改为"厨房"、"卧室"、"卫浴间"和"书房"等。

## 9.1.8 平面标高标注

在平面图中标高以米为单位保留 3 位小数标注，TArch 的标高标注是自定义符号标注对象，平面标高使用"标高标注"命令标注，双击进入对象编辑修改标注形式。

**命令启动方式**

- 菜单命令：【符号标注】/【标高标注】。
- 【常用快捷功能 2】工具栏按钮：  。
- 命令：T81_TMElev。

启动【标高标注】命令，打开【标高标注】对话框，如图 9-10 所示。

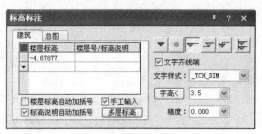

图9-10　【标高标注】对话框

系统提示如下。

> 命令：T81_TMElev
>
> 请点取标高点或 [参考标高(R)]<退出>：　　　　　//在客厅适当位置选取一点
>
> 请点取标高方向<退出>：　　　　　　　　　　　　//在上方选取任意一点
>
> 点取基线位置<退出>：　　　　　　　　　　　　　//选择合适的基线
>
> 下一点或 [第一点(F)]<退出>：　　　　　　　　　//按 Enter 键结束

在平面图中完成平面标高的一处标注，如果有地面高差，可以复制标高符号到该位置，然后通过对象编辑将其修改为新的标高值。

在首层平面中，其他房间标高另有变动。要另行标注地面标高，可以使用 AutoCAD 的 Copy 命令，把已标注的客厅标高符号复制到卫生间，双击进入【标高高度】对话框将其数值修改为−0.150 即可。

完成的平面标高实例如图 9-11 所示。

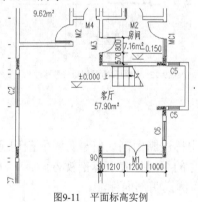

图9-11　平面标高实例

## 9.1.9　剖面标注

在天正建筑中，剖面图的生成要求平面图中标注有剖面符号，剖面剖切符号带有剖视方向线，用于定义一个给定编号的剖面图，它用来表示剖切断面上的构件及从该处沿视线方向可见的各对象。

下面以楼梯间剖面为例说明剖面标注。

**命令启动方式**

- 菜单命令：【符号标注】/【剖面剖切】。
- 【常用快捷功能 2】工具栏按钮：🔛。
- 命令：T81_TSection。

109

启动【剖面剖切】命令，系统提示如下。

命令：T81_TSection

请输入剖切编号<1>：  //按 Enter 键

取默认值 1 或输入编号

点取第一个剖切点<退出>：  //给出第一个定位点 A

点取第二个剖切点<退出>：  //给出第二个定位点 B

点取下一个剖切点<结束>：  //按 Enter 键

点取剖视方向<当前>：  //向上移动鼠标指针选取点 C 结束

在图中指定位置标出剖面剖切符号，完成剖切线 1-1 后，可以拖动剖切线的夹点，移动标注位置，以避开与尺寸文字的重叠，完成的图形如图 9-12 所示。

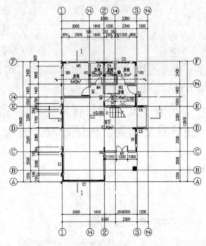

图9-12 剖面和断面剖切符号标注

## 9.1.10 断面剖切

【断面剖切】命令可在图中标注断面剖切符号。断面剖切是指不画出剖视方向线的断面剖切符号，以剖切线与断面编号的相对位置表示剖视方向。

下面以轴线 1 与 1/1 之间为例说明剖面标注。

**命令启动方式**

- 菜单命令：【符号标注】/【断面剖切】。
- 【常用快捷功能 2】工具栏按钮：⊞。
- 命令：T81_TSection1。

启动【断面剖切】命令，系统提示如下。

命令：T81_TSection1

请输入剖切编号<1>：  //按 Enter 键取默认值 1 或输入编号

点取第一个剖切点<退出>：  //给出第一个定位点 D

点取第二个剖切点<退出>：  //给出第二个定位点 E

点取剖视方向<当前>：  //向右移动光标选取点 F 结束

在图中指定位置标出断面剖切符号，如图 9-12 所示。

## 9.1.11  图名标注

【图名标注】命令可在图中按建筑专业的习惯写入图名，并同时标出图纸的比例。

**命令启动方式**

- 菜单命令:【符号标注】/【图名标注】。
- 【常用快捷功能 2】工具栏按钮: AB⌐。
- 命令: T81_TDrawingName。

启动【图名标注】命令，打开如图 9-13 所示的【图名标注】对话框。

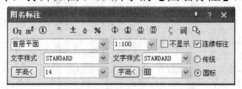

图9-13  【图名标注】对话框

在图名文本框中输入"首层平面"，系统提示如下。

命令: T81_TDrawingName

请点取插入位置<退出>://在平面图下方单击一点结束命令

绘制出的图名如图 9-14 所示，图名标注本身不是专门的自定义对象，而是两个 TArch 文字对象与两个多段线 Pline 的组合，因此图名标注整体的大小，线段粗细不能自动调整（文字大小会自动调整），如果图形比例发生改变，要注意人工调整。

首层平面 1:100                   首层平面 1:100

（a）传统样式                    （b）国标样式

图9-14  图名标注实例

当在一张图中绘制有多个图形或详图时，需要在每个图形下方标出该图的图名，并同时标注出比例，用户使用单行文字命令标注出图名和比例，也可使用图 9-13 所示的【图名标注】对话框。最后符号标注实例如图 9-15 所示。

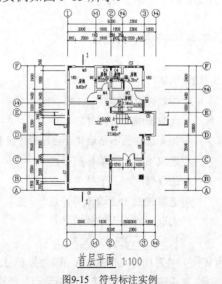

首层平面 1:100

图9-15  符号标注实例

## 9.2 综合实例——标注练习

练习标注的绘制与编辑。

打开附盘文件"dwg\第 9 章\9-2.dwg",门窗平面图如图 9-16 所示。

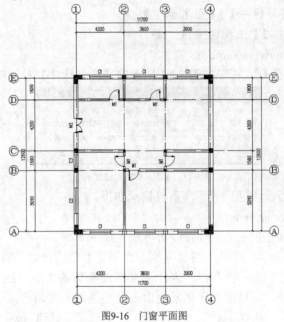

图9-16 门窗平面图

在 TArch 8.5 中,标注主要由尺寸标注和符号标注两大部分组成,下面以住宅楼单元平面图为例进行介绍。

### 一、【门窗标注】练习

以轴线 1 上的门窗为例进行说明,系统提示如下。

- 菜单命令:【尺寸标注】/【门窗标注】。
- 命令:T81_TDim3。

启动【门窗标注】命令,系统提示如下。

命令:T81_TDim3

请用线选第一、二道尺寸线及墙体!

起点<退出>:　　　　　　//用鼠标点取轴线 1 上墙体的 a 点

终点<退出>:　　　　　　//选取轴线 1 上墙体的 b 点

　　　　　　　　　　　　//如果选取的不是墙体,会显示"没有正确选中一段墙"命令

选择其他墙体:　　　　　//选取轴线 1 上墙体的 c 点

选择其他墙体:　　　　　//选取轴线 1 上墙体的 d 点

选择其他墙体:　　　　　//选取轴线 1 上墙体的 e 点

选择其他墙体:　　　　　//选取轴线 1 上墙体的 f 点

选择其他墙体:　　　　　//按 Enter 键

轴线 1 上墙体的标注取点如图 9-17 所示,轴线 A 和轴线 E 上的门窗标注与轴线 1 基本相同,请按照轴线 1 的方式,对轴线 A 和轴线 E 上的门窗进行标注,其最终效果如图 9-18 所示。

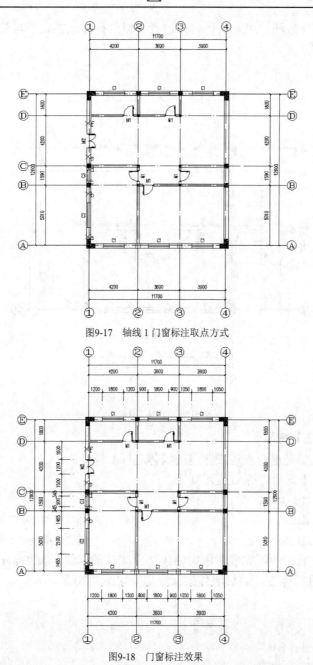

图9-17　轴线1门窗标注取点方式

图9-18　门窗标注效果

## 二、【内门标注】练习

【内门标注】主要是标注内墙门窗尺寸及门窗与最近的轴线或者墙边关系。

启动【内门标注】命令，系统提示如下。

命令：T81_TDIMINDOOR

标注方式：轴线定位，请用线选门窗，并且第二点作为尺寸线位置！

起点或 [垛宽定位(A)]<退出>：　　　　　　//在轴线3上的M1一侧单击

终点<退出>：　　　　　//在轴线3上的M1另一侧单击，类似于直线的选择

按照上述命令操作方法，可对其他内门进行类似的标注，在此不再赘述，最后可得到如图9-19所示的效果图。

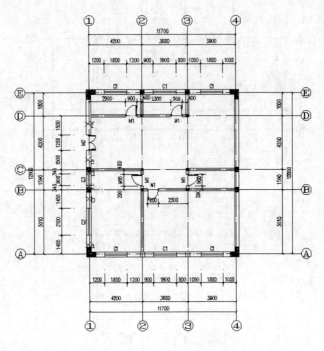

图9-19　内门标注效果图

### 三、【墙厚标注】练习

【墙厚标注】主要是对两点连线穿越的墙体进行墙厚标注。

启动【墙厚标注】命令，系统提示如下。

```
命令：T81_TDimWall
直线第一点<退出>：                          //选取图 9-20 中的 A 点
直线第二点<退出>：                          //键选取图 9-20 中的 B 点
```

　　执行完上述命令后，即可完成对图中轴线 2 上墙体的标注，按 Enter 键重复上述命令，对图中轴线 A 墙体进行标注，最后墙体的标注结果如图 9-20 所示。

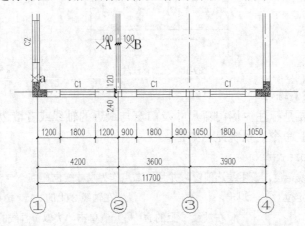

图9-20　墙厚标注效果图

### 四、【外包尺寸】练习

【外包尺寸】主要是扩充和补充第一、二道尺寸标注到构件外轮廓的尺寸。本练习以轴线4上的外包尺寸进行讲解，其他轴线上的外包尺寸绘制与轴线4相同，在此不再赘述。

#### 命令启动方式

- 菜单命令：【尺寸标注】/【外包尺寸】。
- 命令：T81_TOUTERDIM。

启动【外包尺寸】命令，系统提示如下。

命令：T81_TOuterDim

请选择建筑构件：找到 1 个　　　　　　　　//选择建筑图右下角的转角柱C

请选择建筑构件：找到 1 个，总计 2 个　　//选择建筑图右上角的转角柱D

请选择建筑构件：　　　　　　　　　　　　// 按 Enter 键或单击鼠标右键

请选择第一、二道尺寸线：找到 1 个　　　//选择第一道尺寸线E

请选择第一、二道尺寸线：找到 1 个，总计 2 个 //选择第二道尺寸线 F，尺寸线选择后显示虚线状态，如图9-21所示

请选择第一、二道尺寸线：　　　　　　　　//按 Enter 键

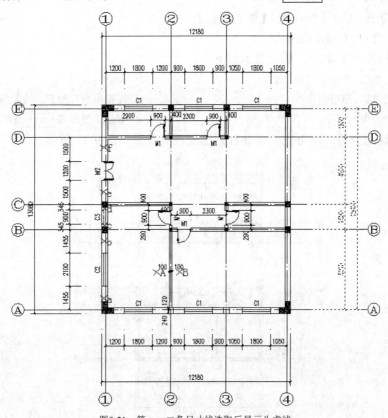

图9-21　第一、二条尺寸线选取后显示为虚线

执行完上述命令后，即可完成对图中轴线4上墙体的外包尺寸标注，按 Enter 键重复上述命令，对图中其他轴线进行外包尺寸标注，最后的标注结果如图9-22所示。

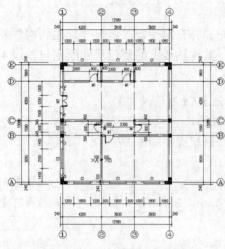

图9-22　外包尺寸效果图

### 五、【画指北针】练习

**命令启动方式**

- 菜单命令:【符号标注】/【画指北针】。
- 命令:T81_TnorthThumb。

启动【画指北针】命令,系统提示如下。

　　命令:T81_TNorthThumb

　　指北针位置<退出>: 　　　　　　　　　　　//在图中点取位置,绘制指北针

　　指北针方向<90.0>: 　　　　　　　　　　//取默认值即按 Enter 键即可

执行完上述命令后,即可完成指北针的绘制,其效果如图 9-23 所示。

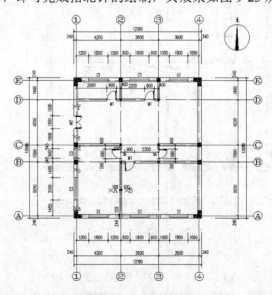

图9-23　指北针的绘制

### 六、【搜索房间】标注练习

【搜索房间】主要是新生成或更新已有的房间信息对象,同时生成房间地面。

启动【搜索房间】命令，弹出【搜索房间】对话框，参数设置如图 9-24 所示。

图9-24　【搜索房间】对话框

系统提示如下。

命令：T81_TUpdSpace

请选择构成一完整建筑物的所有墙体(或门窗)<退出>:指定对角点//按住鼠标左键框选整个平

面图，如图 9-25 所示，框选之后显示为虚线状态，如图 9-26 所示

请选择构成一完整建筑物的所有墙体(或门窗)<退出>:　　//按 Enter 键

请点取建筑面积的标注位置<退出>:　　　　　　　　　　//在平面图的外围选取一点

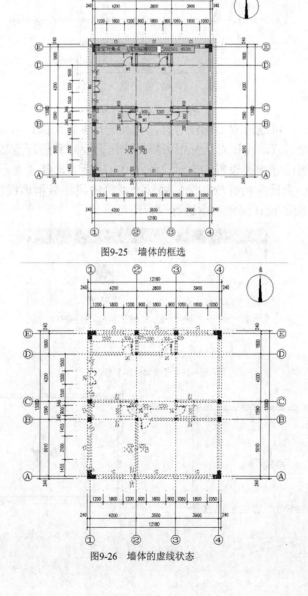

图9-25　墙体的框选

图9-26　墙体的虚线状态

执行完上述命令后，即可完成对房间面积、房间编号及建筑面积的标注，其效果如图 9-27 所示。

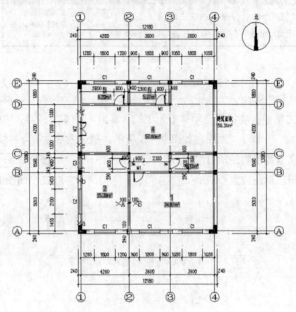

图9-27 搜索房间的标注

房间面积标注后，可通过双击标注对象，对其进行编辑房间，双击后打开如图 9-28 所示的【编辑房间】对话框，在该对话框中可根据建筑需要对其进行重新设置，本练习以【显示轮廓线】命令为例进行相关设置的比对，图 9-27 所示为选择【显示轮廓线】对话框前后的状态对比，选择后把鼠标指针放在房间编号上，轮廓线将显示虚线状态；【类型】下拉列表如图 9-30 所示，根据设计要求从中进行设置即可。

图9-28 【编辑房间】对话框

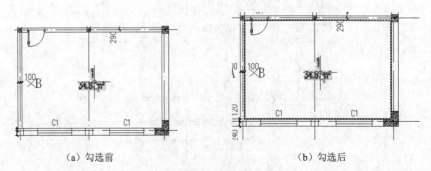

（a）勾选前　　　　　　　　　　　　　　　　（b）勾选后

图9-29 显示轮廓线勾选状态对比

图9-30 【类型】下拉列表

### 七、【图名标注】练习

启动【图名标注】命令，打开如图 9-31 所示的【图名标注】对话框，输入"首层平面图"，设置比例为"1:100"，文字样式统一设为"STANDARD"，图名字高设为"8"，比例字高设为"5"，选择国标规定。

图9-31 【图名标注】对话框

命令：T81_TDrawingName

请点取插入位置<退出>：　　　　　　　　　　//在平面图的下方中央位置选取

请点取插入位置<退出>：　　　　　　　　　　//按 Enter 键

在完成上述所有尺寸标注及符号标注后，得到的最终结果如图 9-32 所示。

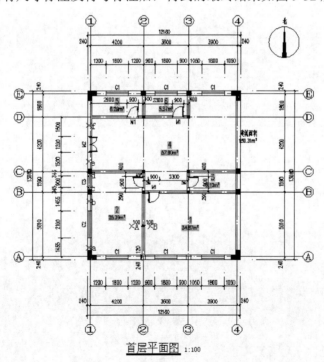

图9-32 首层平面图

# 第3部分　建筑设计实例

　　本部分主要通过几个完整的建筑设计实例，介绍施工图的绘制流程及主要工作，包括酒店建筑施工图、办公楼建筑施工图及教学楼建筑施工图的设计实例，其实每个完整的建筑设计包含的内容都相差不大。TArch 8.5 菜单栏中的操作顺序可以说就是完整的建筑设计图的绘制流程。

　　建筑图主要包括平面图、立面图、剖面图及部分构件的建筑详图。

# 第10章　某酒店建筑设计

【学习指导】
- 了解完整建筑图的绘制流程。
- 掌握建筑平面图的绘制方法。
- 掌握建筑平面图如何向立面图、剖面图转化。

本章将详细、完整地介绍某酒店建筑施工图的绘制，其中包括各楼层平面图、立面图及剖面图。

## 10.1　绘制首层建筑轴线网

利用 TArch 8.5 绘制建筑平面图非常方便，可直接根据自己的需要定义开间和进深生成轴网，再根据轴网绘制墙体和门窗，由于门窗都由 TArch 8.5 图库所提供，因此用户只需选择门窗样式并在适当位置插入即可，无需另外定义图块。本节将介绍某酒店建筑施工图首层平面图的绘制方法，根据前面章节所介绍的知识，利用 TArch 8.5 菜单中【轴网柱子】子菜单中各项命令绘制建筑轴线网。

**操作步骤**

1. 启动 TArch 8.5，此时 TArch 8.5 会自动创建一个空白文档，按 Ctrl+S 组合键将该空白文档保存到硬盘中，文件名为"建筑轴线网"，如图 10-1 所示。在选择文件存储位置时，用户应在硬盘中单独创建一个空白文件夹名为"某酒店建筑施工图"，将本工程所有图纸都存放到该文件夹中，以便于管理。

图10-1　保存空白文档

2. 在 TArch 8.5 中选择菜单命令【轴网柱子】/【绘制轴网】,在弹出的【绘制轴网】对话框中按照表 10-1 所示参数绘制建筑轴线网,绘制轴线网的方法如图 10-2 所示。

表 10-1　　　　　　　　　　　　　　　　　　轴网数据

| 轴网名称 | 轴网方向 | 轴网参数 |
| --- | --- | --- |
| 直线轴网 | 上、下开间 | 7×7200 |
| | 左、右进深 | 6600,2400,6600,2400,6600 |

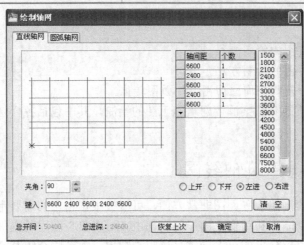

图10-2　绘制轴网

3. 当在【绘制轴网】对话框中输入各项轴网数据后,单击 确定 按钮并在绘图区域中指定轴网的插入点为坐标原点,如图 10-3 所示。

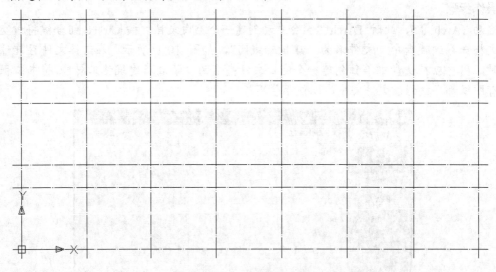

图10-3　插入轴线网

　　在实际工作中,图纸输出中的轴线网都是以点画线显示的,但默认 TArch 8.5 绘制的轴线网为实线,此时用户可在 TArch 8.5 中选择菜单命令【轴网柱子】/【轴改线型】,此时可自动将轴线网在实线与点画线型间切换。

4. 选择菜单命令【轴网柱子】/【轴网标注】,在轴线网的下方左右两条轴线上单击、在轴线网左侧下和上两条轴线上单击创建轴标，其操作方法如图 10-4 所示。

图10-4　【轴网标注】操作步骤

完成上述操作后，结果如图 10-5 所示，最后按 Ctrl+S 组合键保存文档。

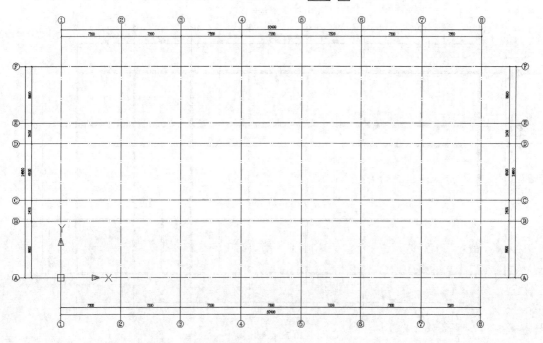

图10-5　标注轴线网

## 10.2　绘制首层墙体和柱子

根据 10.1 节中绘制的轴线网绘制墙体和柱子。

1. 打开附盘文件 "dwg\第 10 章\建筑轴线网.dwg"，再按 Ctrl+Shift+S 组合键打开【图形另存为】对话框或在 AutoCAD 菜单中选择菜单命令【文件】/【另存为】达到相同的目的，在该对话框中将存储文件名设置为 "墙体和柱子.dwg"，再单击 保存(S) 按钮。

2. 选择菜单命令【墙体】/【绘制墙体】，在弹出的【绘制墙体】对话框中设置墙体左右宽分别为 120，墙高为 4200，墙体为一般墙，操作过程如图 10-6 所示，结果如图 10-7 所示。

图10-6　墙体绘制演示

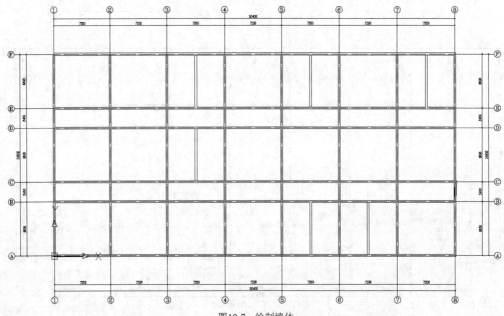

图10-7　绘制墙体

3. 双击轴线 3、4 与轴线 C、D 之间的墙体，在弹出的【墙体编辑】对话框中选择材料为 "钢筋混凝土"，单击 确定 按钮完成墙体材料更改，如图 10-8 所示。通常在默认情况下，TArch 8.5 并不会显示图形填充效果，此时用户可在 TArch 8.5 绘图窗口右下角单击 填充 按钮，结果如图 10-9 所示。

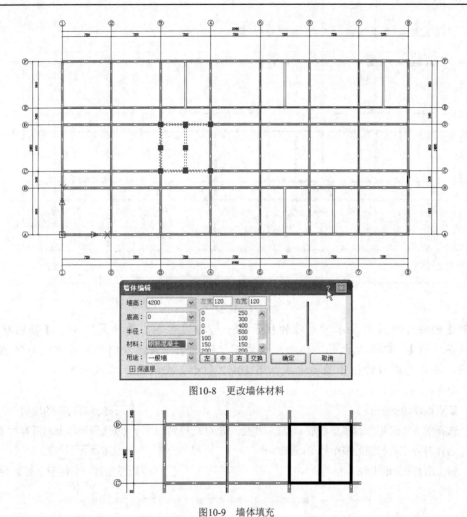

图10-8　更改墙体材料

图10-9　墙体填充

4. 选择菜单命令【轴网柱子】/【标准柱】，再在弹出的【标准柱】对话框中设置好柱子的各项参数，如图 10-10 所示。本例为方便起见，柱子的尺寸统一设为 400×400，材料为钢筋混凝土，无偏心转角。并按图 10-11 所示的方法在轴线的交点处创建柱子。

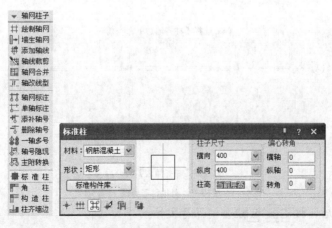

图10-10　标准柱操作绘制演示

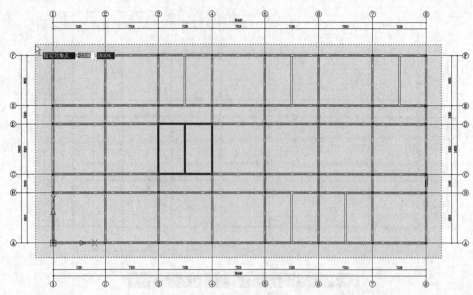

图10-11　创建柱子

5. 对创建的柱子按设计要求对外墙的柱子统一与墙边对齐，选择菜单命令【轴网柱子】/
   【柱齐墙边】，拿轴 A 上的墙体和柱子为例进行说明，其他外墙的操作方式与轴 A 上的
   相同，操作完成后的柱子显示方式如图 10-12 所示，命令显示方式如下。

　　　　　命令：T81_TAlignColu

　　　　　请点取墙边<退出>：　　　　　　　　　　　　　　　　　//选择要对齐的墙边

　　　　　选择对齐方式相同的多个柱子<退出>：指定对角点：找到 8 个　//选择该墙上的所有柱子

　　　　　选择对齐方式相同的多个柱子<退出>：　　　　　　　　//按 Enter 键

　　　　　请点取柱边<退出>：　　　　　　　　　　　　　　　//选择任意一个柱子想要对齐的边

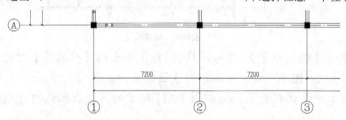

（a）选择【柱齐墙边】命令前

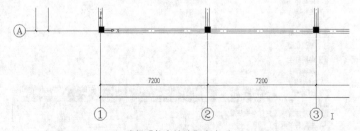

（b）选择【柱齐墙边】命令后

图10-12　外墙柱子修改

6. 完成上述操作后，按 Ctrl+S 组合键保存文档。

## 10.3　绘制首层门窗

当墙体和柱子绘制完成后，再根据自己的需要绘制门窗，其操作步骤如下。

1. 打开附盘文件 "dwg\第 10 章\墙体和柱子.dwg"，再按 Ctrl+Shift+S 组合键打开【图形另存为】对话框，在该对话框中将存储文件名设置为 "绘制门窗.dwg"，再单击 保存(S) 按钮。

2. 选择菜单命令【门窗】/【门窗】，在弹出的【窗】对话框（单击田按钮）中单击【沿墙顺序插入】按钮，再设置门宽、门高各为 1800，窗台高为 900，门名称为 "C1809"，其操作方法如图 10-13 所示，再分别按设计尺寸在轴线 A、F 上插入窗户。

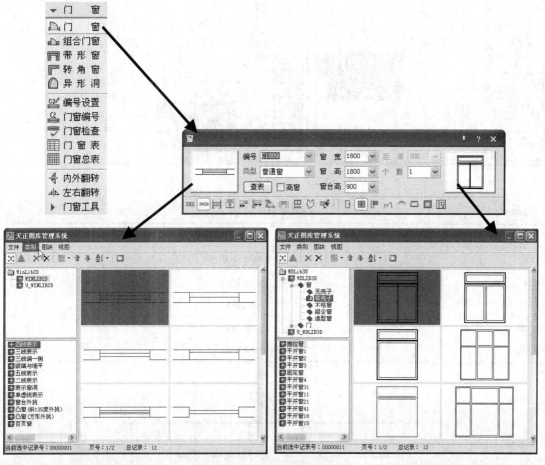

图10-13　窗户操作绘制演示

3. 重复同样的命令，在弹出的【门】对话框（单击回按钮）中单击【沿墙顺序插入】按钮，再设置门宽 1800、门高为 2400，门名称为 "M1824"，其操作方法如图 10-14 所示；再分别按设计尺寸在相应的轴线上插入门，其最后结果如图 10-15 所示。

4. 对其他参数不同的门，重复同样的命令，设置相应的参数，门窗参数如表 10-2 所示，按设计要求插入即可，最后完成的门窗效果如图 10-15 所示。

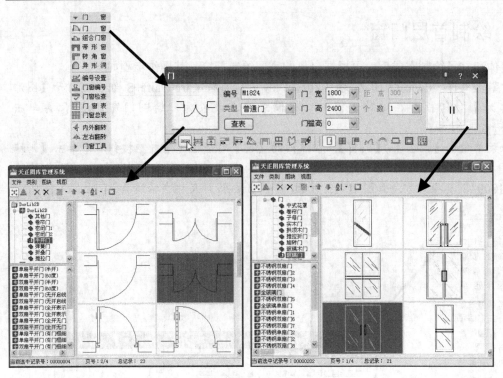

图10-14　门操作绘制演示

表 10-2　　　　　　　　　　　　　　门窗参数

| 门窗名称 | 门窗参数 |
| --- | --- |
| C1809 | 1800×1800 |
| M111 | 3600×3300 |
| M0921 | 900×2100 |
| M1524 | 1500×2400 |
| M1824 | 1800×2400 |

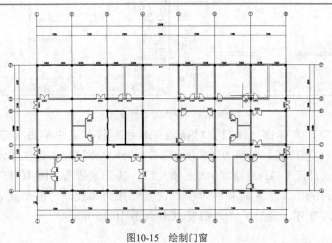

图10-15　绘制门窗

# 10.4 绘制首层楼梯

当门窗绘制完成后，就可根据设计的要求绘制楼梯了，其操作步骤及演示如下。

1. 打开附盘文件"dwg\第 10 章\绘制门窗.dwg"的文件，再按 Ctrl+Shift+S 组合键打开【图形另存为】对话框，在该对话框中将存储文件名设置为"绘制楼梯.dwg"，再单击 保存(S) 按钮。

2. 选择菜单命令【楼梯其他】/【双跑楼梯】，在弹出的【双跑楼梯】对话框中按图 10-16 所示参数进行设置，再按照系统提示在相应的位置插入楼梯。

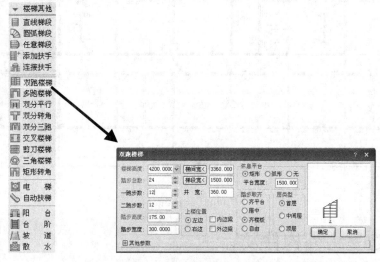

图10-16 双跑楼梯操作绘制演示

3. 对于电梯的操作，选择菜单命令【楼梯其他】/【电梯】，在弹出的【电梯参数】对话框中选择【按井道决定轿厢尺寸】复选项，按相应的命令提示在图中插入电梯，如图 10-17 示；结果如图 10-18 所示。

图10-17 电梯操作绘制演示

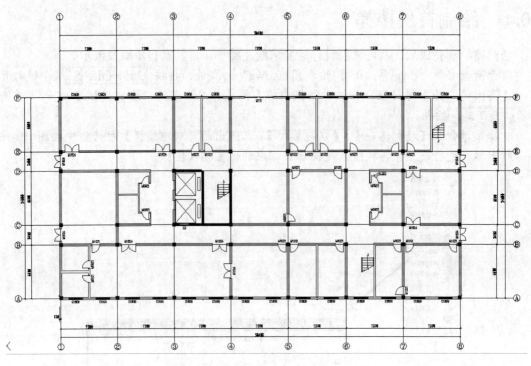

图10-18　绘制楼梯

## 10.5　创建室内外构件及标注

本节将介绍如何绘制部分室内外构件及标注，其操作步骤如下。

1. 打开附盘文件 "dwg\第 10 章\绘制楼梯.dwg"，再按 [Ctrl]+[Shift]+[S] 组合键将其存储为 "室内外构件及标注.dwg" 文件。

2. 选择菜单命令【楼梯其他】/【散水】，在弹出的【散水】对话框中设置室内外高差为 600，散水宽度为 600，单击凹按钮，如图 10-19 所示；再选中所有已绘制的外墙（或门窗、阳台），按 [Enter] 键结束选择，即可完成散水的创建，如图 10-20 所示。

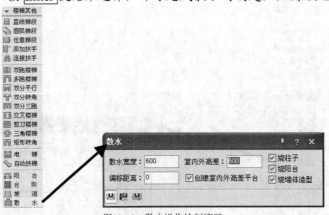

图10-19　散水操作绘制演示

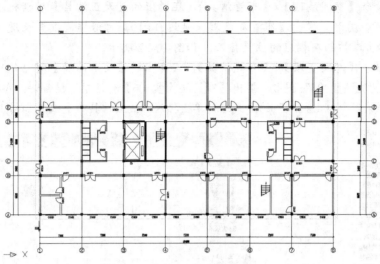

图10-20 绘制散水

3. 选择菜单命令【楼梯其他】/【台阶】，在弹出的【台阶】对话框中，按照图 10-21 所示参数进行设置，并单击 按钮，在相应的位置指定基点即可插入台阶，对于其他 4 个台阶只是把"平台宽度"由 1800 改为 900，完成后的台阶如图 10-21 所示。

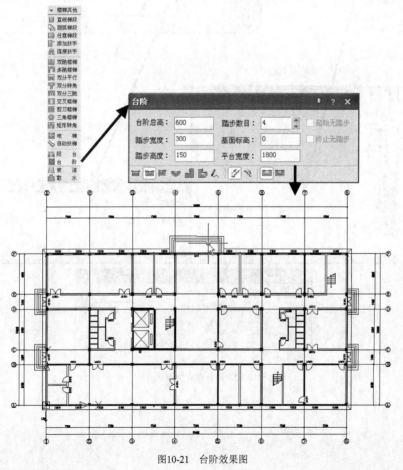

图10-21 台阶效果图

4.  选择菜单命令【房间屋顶】/【布置洁具】，在弹出的【天正洁具】对话框中双击蹲便器（延迟自闭）图形，弹出【布置蹲便器（延迟自闭）】对话框，设置长度为 300，宽度为 600，单击🔲按钮在相应的位置插入，如图 10-22 所示。

5.  选择菜单命令【房间屋顶】/【布置洁具】，在弹出的【天正洁具】对话框中选择【洗脸盆】，双击"洗脸盆 06"图形，弹出【布置洗脸盆 06】对话框，设备详细参数如图 10-22 所示；同样采用"自由插入"的方式进行单击插入，最后洁具布置效果如图 10-23 所示。

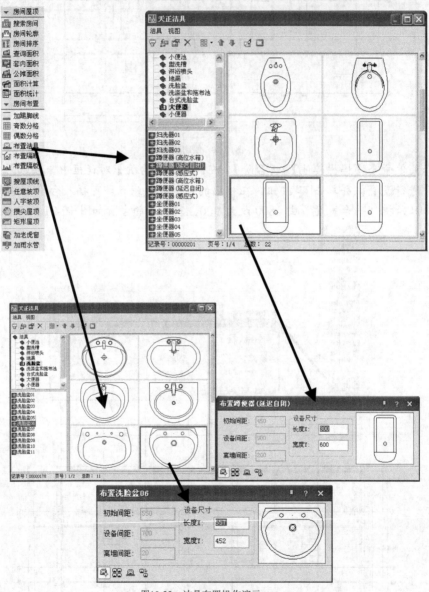

图10-22  洁具布置操作演示

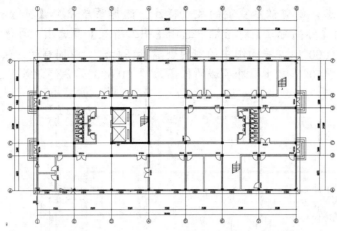

图10-23　绘制洁具

6.　以轴线 A 上的墙体和门窗为例进行演示尺寸标注，选择菜单命令【尺寸标注】/【逐点标注】，根据命令在外墙外侧指定一点，再沿墙体依次单击需要标注的位置，并且选择合适的尺寸线标注位置，其操作方法如图 10-24 所示。

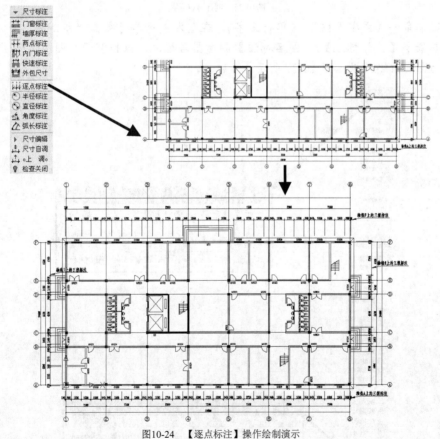

图10-24　【逐点标注】操作绘制演示

7.　对于轴线 1、8、F 上的墙体、门窗柱子及台阶的三级标注的操作方法与步骤 6 相同，结果如图 10-24 所示。

8.　选择菜单命令【尺寸标注】/【逐点标注】，在散水外侧线的中心单击一点再在外墙外侧中心点单击一点，创建散水宽度的尺寸标注。选择菜单命令【符号标注】/【标高标注】，在弹出的【标高标注】对话框中选择【手工输入】复选项，再单击▽按钮，设置标高值为"±0.000"，在平面图中的室内创建标高标注。以同样的方法设置室内洗刷间的标高为"−0.150"，散水以外区域的标高为"−0.600"，最终效果如图 10-25 所示。

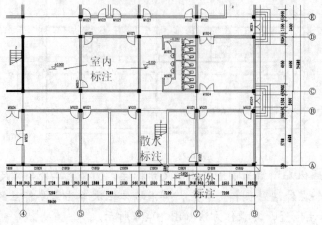

图10-25　创建标注

9. 选择菜单命令【文字表格】/【单行文字】，在室内创建单行文本"办公室"等文字，选择菜单命令【符号标注】/【图名标注】创建图名标注，操作演示如图 10-26 所示；首层平面图的最终效果如图 10-27 所示。

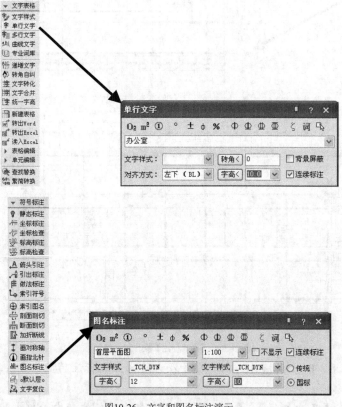

图10-26　文字和图名标注演示

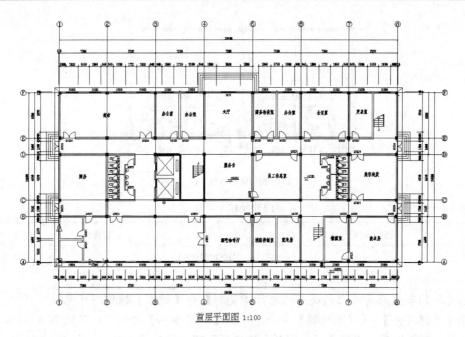

首层平面图 1:100

图10-27　首层平面图

10. 完成以上所有操作后，按 Ctrl+Shift+S 组合键打开【另存为】对话框，在该对话框中设置保存文件名为"首层平面图"，最后单击 保存(S) 按钮完成首层平面图的绘制。

## 10.6　创建二、三层平面图

首层平面图绘制完成后，用户即可将首层平面图进行复制，对其进行修改生成二层及二层以上的平面图，本节就将介绍某酒店二、三层平面图的绘制方法，其操作步骤如下。

1. 打开附盘文件 "dwg\第 10 章\首层平面图.dwg" 的文件，再按 Ctrl+Shift+S 组合键将其存储为 "二、三层平面图.dwg" 文件。

2. 将图中的楼梯、散水、台阶、三级标注、M1021 删除，在删除图中的 M1524 的同时，在同样的位置按图 10-27 所示的参数插入 C2，双击 C1809 进入【窗】对话框，对 C1809 的编号统一改为 C1。

图10-28　【窗】对话框

3. 将图中的房间按图 10-28 所示进行设置，房间中的卫生间墙体采用轻质隔墙材料，墙厚 120，墙高与楼高相同，M1、M2 的参数如表 10-3 所示，按照图 10-29 所示尺寸插入到相应位置，并对房间进行文字标注，如客房、卫生间等。本例以轴线 1～轴线 3 与轴线 E～F 之间的房间进行说明。

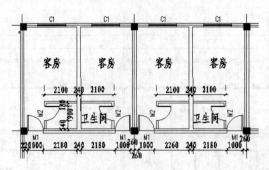

图10-29 房间布置尺寸

表 10-3 门的尺寸

| 门窗名称 | 门窗尺寸 |
|---|---|
| M1 | 1000*2100 |
| M2 | 900*2100 |

4. 其他房间的布置只需对上两类房间进行【复制】和【镜像】操作即可完成。

5. 选择【楼梯其他】/【双跑楼梯】命令，弹出【双跑楼梯】对话框，其他参数相同，只是在【层类型】选项组中选择【中间层】单选项即可，插入方式相同，如图 10-30 所示。

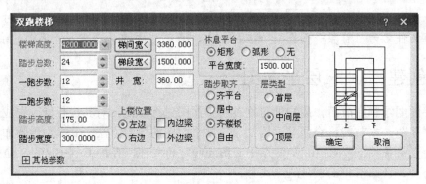

图10-30 【双跑楼梯】对话框

6. 选择菜单命令【符号标注】/【标高标注】，在弹出的【标高标注】对话框中，选择【楼层标高自动加括号】复选项，手工输入 "4.200" 和 "8.400" 两个标高，单击 按钮，如图 10-31 所示。

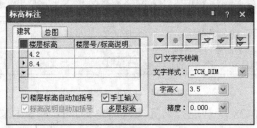

图10-31 【标高标注】对话框

7. 同样对卫生间的 M0921 双击会显示图 10-32 所示的【门】对话框，把编号由 "M0921" 改为 "M2"，单击 确定 按钮，其他 3 个相同编号的门窗也同时参与修改。

图10-32　【门】编号修改

8. 选择菜单命令【尺寸标注】/【逐点标注】，对整个建筑物外墙进行三级尺寸标注，同时对轴 E 上的墙体、柱、门窗进行尺寸标注；双击图名把"首层平面图"改为"二、三层平面图"，最后效果如图 10-33 所示。

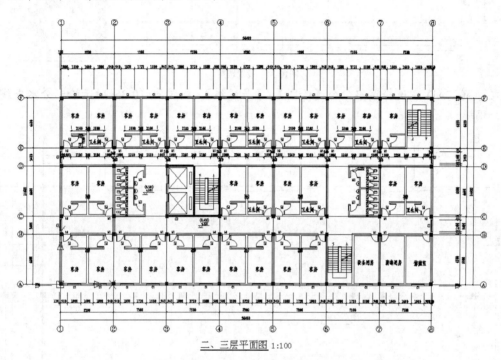

二、三层平面图 1:100

图10-33　二、三层平面图

9. 完成以上所有操作后，按 Ctrl+Shift+S 组合键打开【另存为】对话框，在该对话框中设置保存文件名为"二、三层平面图"，最后单击 保存(S) 按钮完成二、三层平面图的绘制。

## 10.7　创建屋顶平面图

完成平面图的基本绘制后，接下来绘制屋顶平面图，其操作步骤提示如下。

1. 打开附盘文件"dwg\第 10 章\二、三层平面图.dwg"，再按 Ctrl+Shift+S 组合键将其存储为"屋顶平面图.dwg"文件。

2. 把图中所有的门窗、内墙、室内构件及三级标注删除，只保留外墙。

3. 在绘图区中选中所有的外墙，按 Ctrl+1 组合键打开【特性】面板，在该面板中设置墙体高为 600；以同样的方法选中所有的柱子，并设置柱高为 600，如图 10-34 所示。

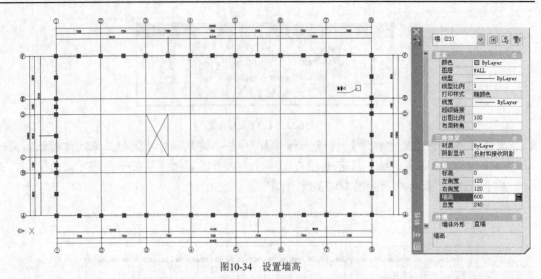

图10-34　设置墙高

4. 在 AutoCAD 中选择菜单命令【绘图】/【多段线】，按照图 10-35 所示绘制分水脊线和分隔缝。

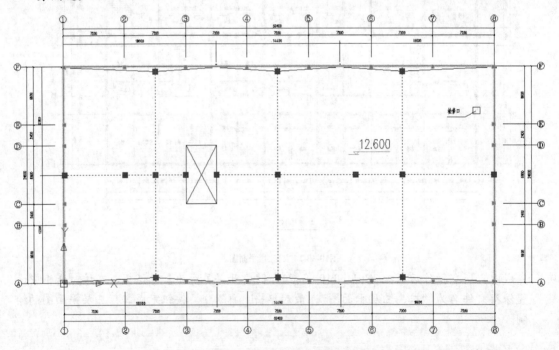

图10-35　绘制分水脊线和分隔缝

5. 选中图 10-35 中绘制的分水脊线和分隔缝，按 Ctrl+1 组合键打开【特性】面板，在该面板中选择线型为虚线。

6. 选择菜单命令【符号标注】/【引出标注】，根据图 10-36 所示的效果标注分水脊线和分隔缝，设置坡度为 3%。

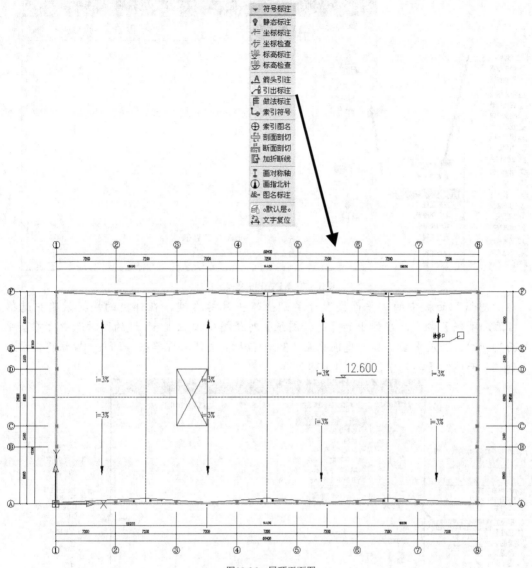

图10-36  屋顶平面图

7. 完成上述全部操作后，按 $\boxed{Ctrl}$+$\boxed{S}$ 组合键保存文档。

# 10.8   建立酒店工程管理

当施工平面图绘制完成后，还需将这些平面图添加到项目中进行统一管理，以便于生成立面、剖面及三维模型，本节将介绍通过工程管理生成立面图的效果，其操作步骤如下。

1. 选择菜单命令【文件布图】/【工程管理】，在【工程管理】面板中选择【工程管理】命令，再选择【新建工程】选项，将新的工程保存在与平面图相同的文件夹下，设置工程文件名为"某酒店建筑工程"，最后单击 保存(S) 按钮完成工程的创建，如图 10-37 所示。

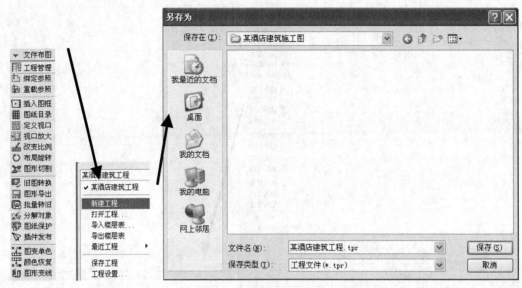

图10-37　新建工程操作演示

2. 在"图纸"面板中的"平面图"子类别上单击鼠标右键，在弹出的快捷菜单中选择【添加图纸】命令，在弹出的【选择图纸】对话框中按住 Ctrl 键的同时选中"首层平面"、"二、三层平面"和"屋顶平面" 3 个 DWG 文件，再单击 打开(O) 按钮将其添加到"平面图"子类别中，如图 10-38 所示。

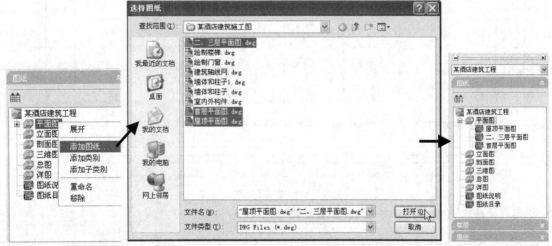

图10-38　向工程中加入图纸文件

3. 展开"楼层"栏，在该栏中将光标定位到最后一列的单元格中，再单击其单元格右侧的空白按钮□，打开【选择标准层图形文件】对话框，在该对话框中选择首层平面图文件，单击 打开(O) 按钮，再设置该楼层高，重复此方法设置整个在建的楼层，其操作步骤如图 10-39 所示。

4. 完成以上操作后，楼层表创建完成。

图10-39　设置楼层表

# 10.9　生成酒店立面图

利用已建好的工程文件生成立面图，其操作步骤如下。

1.　在【工程管理】面板的"楼层"栏中单击【建筑立面】按钮 ，选择生成正立面，并选中首层平面图中的轴线 1 和 8，在弹出的【生成立面设置】对话框中单击 生成立面 按钮，再输入保存文件名后单击 保存(S) 按钮生成立面图。

2.　系统生成的立面图并不能满足用户的需求，此时用户可在 AutoCAD 中选择菜单命令【绘图】/【多段线】，按照图 10-40 所示绘制立面图中所需的其他详细部分。

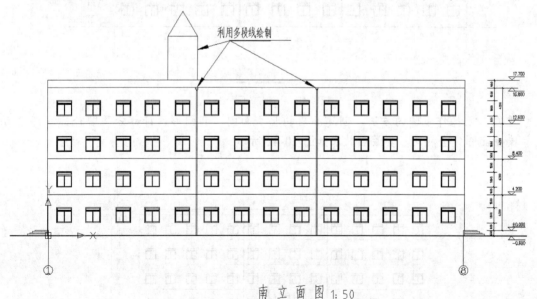

图10-40　利用多段线绘制的屋顶装饰

3.　选择菜单命令【尺寸标注】/【逐点标注】，按照命令对屋顶塔楼装饰进行标注，同时选择菜单命令【符号标注】/【引出标注】，在弹出的【编辑引出标注】对话框中设置标注，并按照图 10-41 所示进行立面图标注。

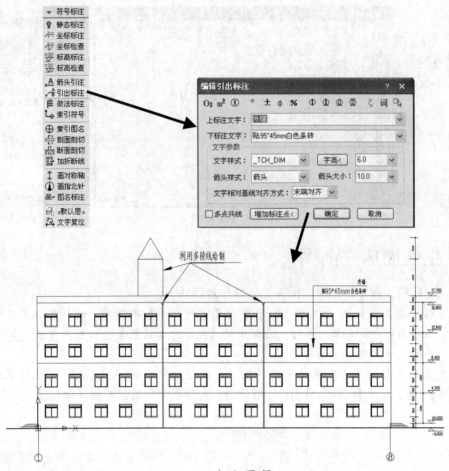

图10-41 补充南立面标注

4. 重复以上操作步骤的方法，创建酒店的北立面图，其图形装饰部分及增补标注部分与南立面图完全相同，其最后效果如图 10-42 所示。

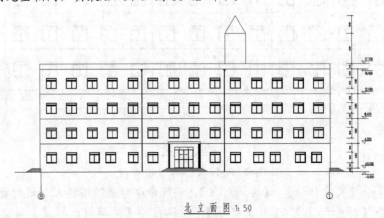

图10-42 北立面效果图

5. 重复以上操作步骤的方法，创建酒店的侧立面图，其图形装饰部分及增补标注部分与南立面图完全相同，其最后效果如图 10-43 所示。

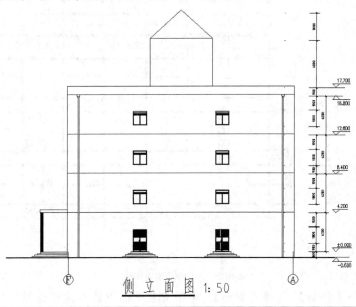

图10-43 侧立面效果图

6. 完成以上操作后，按 Ctrl+S 组合键保存文档。

# 10.10 生成酒店剖面图

仅靠平面图和立面图不能完全地生成建筑形状和数据，此时用户还可根据工程中的平面图生成剖面图效果。本节将先在首层平面上创建剖切符号，再利用 TArch 8.5 的工程管理功能创建剖面图，其操作步骤提示如下。

1. 选择菜单命令【文件布图】/【工程管理】，在【工程管理】面板中打开附盘文件"dwg\第 10 章\某酒店建筑工程.tpr"，如图 10-44 所示。

图10-44 打开文件

2. 在工程管理面板展开【图纸】栏，双击"平面图"子类别中的"首层平面图"，此时首层平面图将被打开，选择菜单命令【符号标注】/【剖面剖切】，在绘图区中按照图 10-44 所示创建剖面符号。

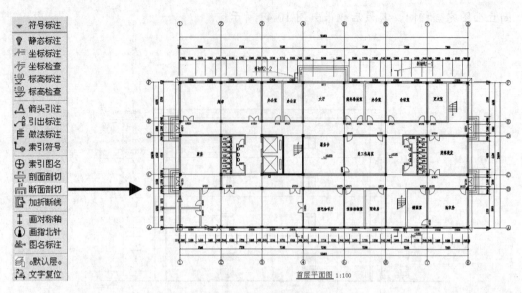

图10-45 创建剖面剖切符号

3. 选择菜单命令【剖面】/【建筑剖面】，单击首层平面中已创建好的剖面剖切符号，再选择需显示在剖面图中的轴线，单击鼠标右键结束选择，并在弹出的【剖面生成设置】对话框中单击 生成剖面 按钮即可完成剖面图的生成。

4. 重复生成立面图的方法在剖面图中利用【多段线】命令绘制各装饰线，选择菜单命令【剖面】/【剖面填充】，选择相应的填充材料和填充比例，再在剖面图中为墙体剖面、楼板剖面、散水剖面等进行填充，如图 10-46 所示。

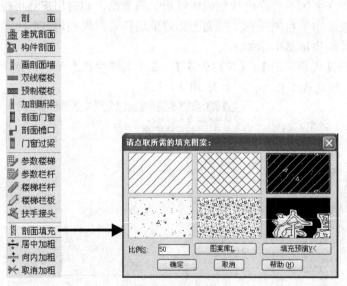

图10-46 剖面填充

5. 选择菜单命令【符号标注】/【引出标注】，在弹出的【引出标注】对话框中为 1-1 剖面图添加文字标注，如图 10-47 所示。

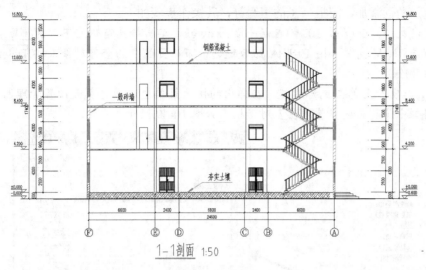

图10-47 1-1 剖面图

6. 重复以上操作步骤，创建酒店的 2-2 剖面图，其修饰部分除了与 1-1 剖面图相同以外，还需要绘制出塔楼及标出相应的尺寸，最终效果如图 10-47 所示。

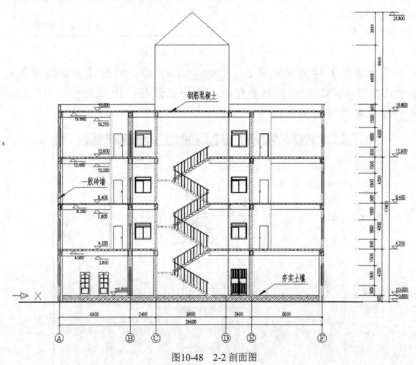

图10-48 2-2 剖面图

7. 完成上述操作后，按 Ctrl+S 组合键保存文件。

# 10.11 进行酒店图纸布置

当施工图的平面图、立面图和剖面图都绘制完成后，就是制作建筑说明了，最后再是将各图纸及说明进行打印输出。本案例将对已绘制好的图形进行打印前的布局，其布局内容包括页面设置，图框添加、图框信息的填写等，其操作步骤如下。

1. 打开附盘文件"dwg\第 10 章\首层平面图.dwg"，单击绘图窗口左下方的 布局1 选项卡进入"布局 1"环境中，按 Ctrl + A 组合键选中布局页面中的全部对象，按 Delete 键将选中对象删除。

2. 在 布局1 选项卡上单击鼠标右键，在弹出的快捷菜单中选择【页面设置管理器】命令，此时将弹出【页面设置管理器】对话框，如图 10-49 所示。

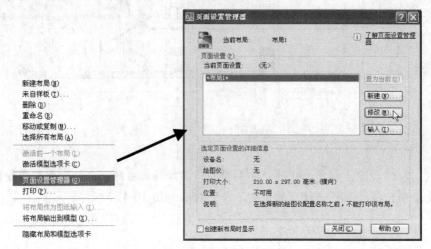

图10-49　【页面设置管理器】对话框

3. 在【页面设置管理器】对话框中单击 修改(M)... 按钮后，打开【页面设置】对话框，在该对话框中按照图 10-50 所示选择打印机或绘图仪设备、图纸尺寸、打印比例，最后单击 确定 按钮完成布局页面设置。

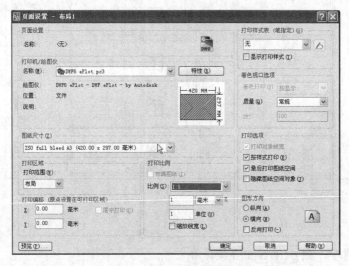

图10-50　【页面设置】参数

4. 选择菜单命令【文件图】/【插入图框】，在弹出的【插入图框】对话框中按照图 10-51 所示的方法选择图幅大小和标题栏样式，单击【标准标题栏】右侧的 按钮，弹出【天正图库管理系统】窗口，选择【普通标题栏】选项，双击该图返回【插入图框】对话框。

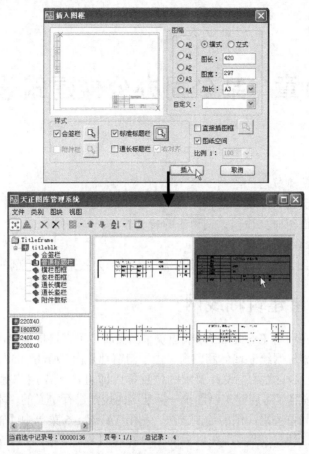

图10-51 插入图框

5. 选择好图框后,在【插入图框】对话框中单击 插入 按钮,再在布局窗口中按 Z 键将图框插入布局原点位置,结果如图 10-52 所示。

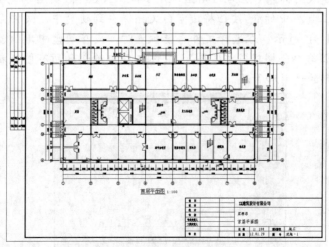

图10-52 插入图框后

6. 最后对所有的平面图、立面图、剖面图进行图框的插入工作,并将图框中的信息进行填写,即可完成一套完整的建筑施工图。

# 第11章　某公司办公楼建筑设计

**【学习指导】**
- 掌握一个完整建筑图的绘制流程。
- 熟练建筑平面图的绘制方法。
- 掌握建筑平面图向立面图、剖面图的转化方法。
- 了解办公楼的图纸布置。

本章将进一步介绍建筑设计的基本绘图流程，详细介绍平、立、剖的绘制方法。

## 11.1　绘制首层建筑轴线网

前一章节介绍了在利用 TArch 8.5 绘制建筑平面图时，可直接根据自己的需要定义开间和进深生成轴网，再根据轴网绘制墙体和门窗，由于门窗都是由 TArch 8.5 图库所提供的图块，因此用户只需选择门窗样式并在设计要求的位置插入即可，无需用户另外定义图块，并且 TArch 的图库系统是按照《房屋建筑制图统一标准》的规定进行定义的，本节将向读者介绍某公司办公楼建筑施工图首层平面图的绘制方法。利用 TArch 8.5 菜单中【轴网柱子】子菜单中各命令来绘制建筑轴线网。其实，在以后的命令执行过程中，基本上是从菜单栏中选取命令，因为 TArch 8.5 的菜单栏是按照建筑制图的基本流程设置的，方便读者的绘图练习。

**操作步骤提示**

1. 单击桌面天正建筑图标 ![icon]，启动 TArch 8.5，此时 TArch 8.5 会自动创建一个空白文档，单击【标准】工具栏中的 ![icon] 按钮将该空白文档保存到硬盘中，文件名为"建筑轴线平面图"，如图 11-1 所示。在选择文件存储位置时，应在硬盘中单独创建一个空白文件夹，名为"某公司办公楼建筑施工图"，将本工程中绘制的所有图纸都存放到该文件夹中，以便于后期的调用和管理。

图11-1　保存空白文档

2. 启动【绘制轴网】命令，打开如图 11-2 所示的【绘制轴网】对话框，按表 11-1 所示参数绘制建筑轴线平面图。

| 表 11-1 | 轴网数据 | |
| --- | --- | --- |
| 直线轴网 | 上开间 | 5×3 300, 600 |
| | 上开间 | 5×3 300, 1 500 |
| | 左进深 | 7 200 |
| | 左进深 | 7 200 |

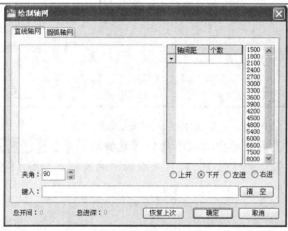

图11-2 【绘制轴网】对话框

3. 选择【上开】单选项，在【轴间距】列中的文本框中输入"3300"，在其右侧的【个数】列中的文本框中输入"5"，按 Enter 键，依次在【轴间距】和【个数】列中输入"600"和"1"；选择【下开】单选项，用同样的方法依次在【轴间距】和【个数】列的文本框中输入"3300"、"5"和"1500"、"1"，结果如图 11-3 所示。

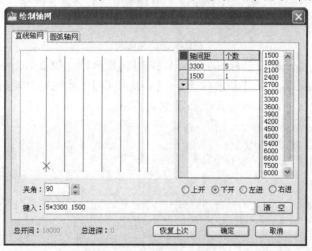

图11-3 上、下开绘制轴网效果

4. 选择【左进】选项，在【轴间距】和【个数】列中输入"7200"、"1"，因为左进和右进的参数相同，所以只输入一次即可，选择夹角为90°，其显示的效果如图 11-4 所示。

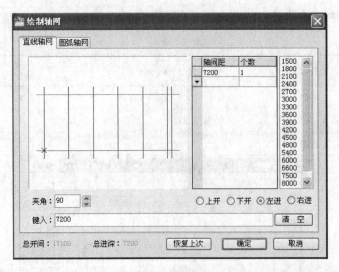

图11-4　左、右进绘制轴网效果

5. 当在【绘制轴网】对话框中输入各项轴网数据后，单击 确定 按钮并在绘图区域中指定轴网的插入点为坐标原点，即可完成轴网的绘制，如图 11-5 所示。

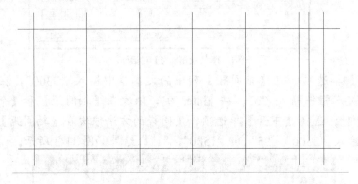

图11-5　插入轴线网

6. 在实际工作中，图纸输出的轴线网都是以点划线显示的，但 TArch 8.5 默认绘制的轴线网为实线，选择菜单命令【轴网柱子】/【轴改线型】，系统可自动将轴线网在实线与点画线间切换，轴线网的点画线显示如图 11-6 所示。

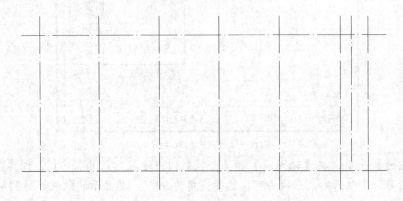

图11-6　点画线轴线网

7. 启动【轴网标注】命令后打开如图 11-7 所示的【轴网标注】对话框，在其中输入 "1"，选择双侧标注，系统提示如下。

> 命令：T81_TAxisDim2p
>
> 请选择起始轴线<退出>：　　　　　//选择轴网平面图下方左侧第一条轴线 A
>
> 请选择终止轴线<退出>：　　　　　//选择轴网平面图下方右侧第一条轴线 B
>
> 请选择不需要标注的轴线：　　　　//按 Enter 键

在【轴网标注】对话框中把 "1" 改为 "A"。

> 请选择起始轴线<退出>：　　　　　//选择轴网平面图左侧下方第一条轴线 C
>
> 请选择终止轴线<退出>：　　　　　//选择轴网平面图左侧上方第一条轴线 D
>
> 请选择不需要标注的轴线：　　　　//按 Enter 键

结果如图 11-8 所示，最后单击 🖫 按钮保存文档。

图11-7 【轴网标注】对话框

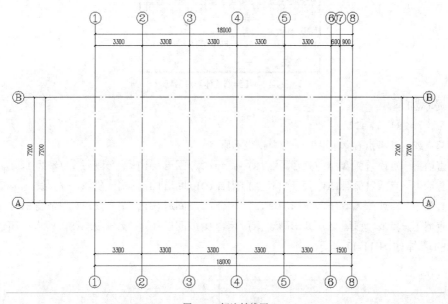

图11-8 标注轴线网

## 11.2 绘制首层墙体和柱子

根据上一节中所绘制的轴线平面图来完成本节墙体和柱子的绘制，操作步骤提示如下。

1. 打开附盘文件 "dwg\第 11 章\建筑轴线平面图.dwg" 的文件，再按 Ctrl+Shift+S 组合键打开【图形另存为】对话框，如图 11-9 所示，在该对话框中将存储文件名设置为 "墙体和柱子.dwg"，再单击 保存(S) 按钮。

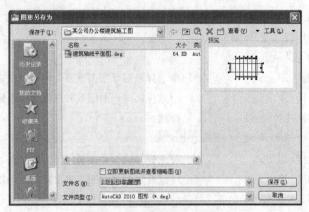

图11-9　【图形另存为】对话框

2. 启动【绘制墙体】命令，打开如图 11-10 所示的【绘制墙体】对话框，在其中设置墙体高度为 "3000"，设置墙体左、右宽为 "120"，用途为 "一般墙"，墙体材料为 "砖墙"，并单击 ☰ 按钮绘制墙体。

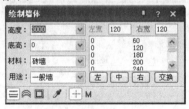

图11-10　【绘制墙体】对话框

系统提示如下。

命令：T81_TWall

起点或 [参考点(R)]<退出>://单击坐标原点

直墙下一点或 [弧墙(A)/矩形画墙(R)/闭合(C)/回退(U)]<另一段>：//轴线 1、B 的交点

直墙下一点或 [弧墙(A)/矩形画墙(R)/闭合(C)/回退(U)]<另一段>：//轴线 7、B 的交点

直墙下一点或 [弧墙(A)/矩形画墙(R)/闭合(C)/回退(U)]<另一段>：//轴线 8、A 的交点

直墙下一点或 [弧墙(A)/矩形画墙(R)/闭合(C)/回退(U)]<另一段>：C　　//闭合墙体

绘制的墙体如图 11-11 所示。

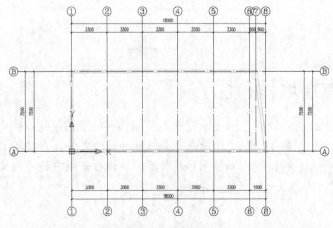

图11-11　绘制墙体

3.  双击轴线 B 上的墙体，在弹出的【墙体编辑】对话框中选择材料为"钢筋混凝土"，如图 11-12 所示。单击 确定 按钮即可完成墙体材料更改。通常在默认的情况下，TArch 8.5 并不会显示图形填充效果，此时可单击【填充】按钮，如图 11-13 所示，墙体填充后的效果如图 11-14 所示。

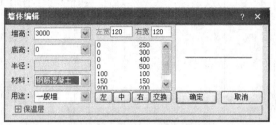

图11-12 【墙体编辑】对话框

图11-13 【填充】按钮

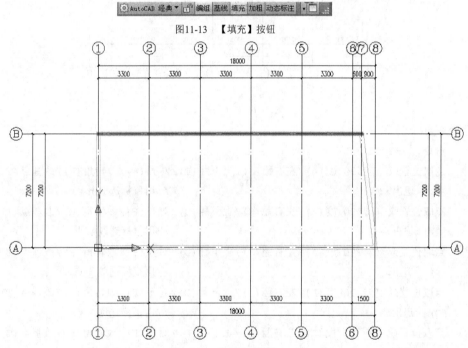

图11-14 墙体填充效果

4.  启动【标准柱】命令，打开如图 11-15 所示的【标准柱】对话框，设置柱子的材料为"钢筋混凝土"，形状为"矩形"，在【柱子尺寸】分组框中设置横向为"300"，纵向为"400"，柱高为"3000"，在【偏心转角】分组框中设置横轴为"0"，纵轴为"80"，转角为"0"，单击按钮，在轴线的交点处创建柱子，柱子的插入位置如图 11-16 所示。

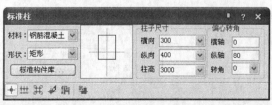

图11-15 【标准柱】对话框

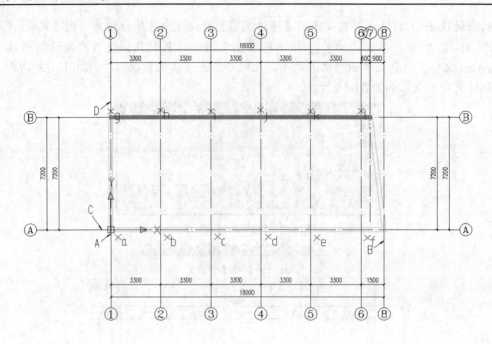

图11-16　柱子的插入位置

系统提示如下。

命令：T81_TInsColu

点取位置或 [转 90 度(A)/左右翻(S)/上下翻(D)/对齐(F)/改转角(R)/改基点(T)/参考点
(G)]<退出>：　　　　　　　　　　　　　　　　//用鼠标选取 h 点

点取位置或 [转 90 度(A)/左右翻(S)/上下翻(D)/对齐(F)/改转角(R)/改基点(T)/参考点
(G)]<退出>：　　　　　　　　　　　　　　　　//用鼠标选取 i 点

点取位置或 [转 90 度(A)/左右翻(S)/上下翻(D)/对齐(F)/改转角(R)/改基点(T)/参考点
(G)]<退出>：　　　　　　　　　　　　　　　　//用鼠标选取 j 点

点取位置或 [转 90 度(A)/左右翻(S)/上下翻(D)/对齐(F)/改转角(R)/改基点(T)/参考点
(G)]<退出>：　　　　　　　　　　　　　　　　//用鼠标选取 k 点

点取位置或 [转 90 度(A)/左右翻(S)/上下翻(D)/对齐(F)/改转角(R)/改基点(T)/参考点
(G)]<退出>：　　　　　　　　　　　　　　　　//用鼠标选取 l 点

点取位置或 [转 90 度(A)/左右翻(S)/上下翻(D)/对齐(F)/改转角(R)/改基点(T)/参考点
(G)]<退出>：　　　　　　　　　　　　　　　　//按 Enter 键

5. 按 Enter 键重复上述命令，弹出如图 11-17 所示的【标准柱】对话框，在【偏心转角】
分组框中设置纵轴改为 "－80"，其他参数不变，单击 ✚ 按钮，在轴线的交点处创建柱
子，柱子的插入位置如图 11-16 所示。

图11-17　【标准柱】对话框

系统提示如下。

命令: T81_TInsColu
点取位置或 [转 90 度(A)/左右翻(S)/上下翻(D)/对齐(F)/改转角(R)/改基点(T)/参考点
(G)]<退出>:        //用鼠标选取 b 点
点取位置或 [转 90 度(A)/左右翻(S)/上下翻(D)/对齐(F)/改转角(R)/改基点(T)/参考点
(G)]<退出>:        //用鼠标选取 c 点
点取位置或 [转 90 度(A)/左右翻(S)/上下翻(D)/对齐(F)/改转角(R)/改基点(T)/参考点
(G)]<退出>:        //用鼠标选取 d 点
点取位置或 [转 90 度(A)/左右翻(S)/上下翻(D)/对齐(F)/改转角(R)/改基点(T)/参考点
(G)]<退出>:        //用鼠标选取 e 点
点取位置或 [转 90 度(A)/左右翻(S)/上下翻(D)/对齐(F)/改转角(R)/改基点(T)/参考点
(G)]<退出>:        //用鼠标选取 f 点
点取位置或 [转 90 度(A)/左右翻(S)/上下翻(D)/对齐(F)/改转角(R)/改基点(T)/参考点
(G)]<退出>:        //按 Enter 键

6. 按 Enter 键重复上述命令，弹出如图 11-18 所示的【标准柱】对话框，在【偏心转角】
分组框中设置横轴改为 "30"，其他参数不变，单击 ➕ 按钮，在轴线的交点处创建柱
子，柱子的插入位置如图 11-16 所示。

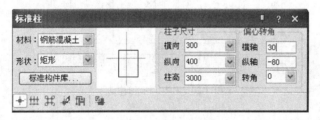

图11-18 【标准柱】对话框

系统提示如下。

命令: T81_TInsColu
点取位置或 [转 90 度(A)/左右翻(S)/上下翻(D)/对齐(F)/改转角(R)/改基点(T)/参考点
(G)]<退出>:        //用鼠标选取坐标原点即 a 点
点取位置或 [转 90 度(A)/左右翻(S)/上下翻(D)/对齐(F)/改转角(R)/改基点(T)/参考点
(G)]<退出>:        //按 Enter 键

7. 按 Enter 键重复上述命令，弹出如图 11-19【标准柱】对话框，把【偏心转角】分组框
中设置纵轴改为 "80"，其他参数不变，单击 ➕ 按钮，在轴线的交点处创建柱子，柱子
的插入位置如图 11-16 所示。

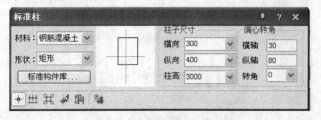

图11-19 【标准柱】对话框

系统提示如下。

```
命令: T81_TInsColu
点取位置或 [转 90 度(A)/左右翻(S)/上下翻(D)/对齐(F)/改转角(R)/改基点(T)/参考点
(G)]<退出>:                        //用鼠标选取 g 点
点取位置或 [转 90 度(A)/左右翻(S)/上下翻(D)/对齐(F)/改转角(R)/改基点(T)/参考点
(G)]<退出>:                        //按 Enter 键
```

8. 完成上述操作后，得到墙体和柱子的效果图如图 11-20 所示，按 Ctrl+S 组合键保存文档。

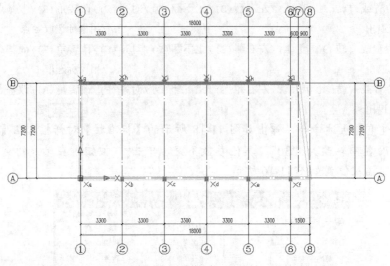

图11-20　墙体和柱子的绘制

## 11.3　绘制首层门窗

当墙体和柱子绘制完成后，再就可根据建筑设计的需要绘制门窗了，其操作步骤提示如下。

1. 打开附盘文件 "dwg\第 11 章\墙体和柱子.dwg" 的文件，再按 Ctrl+Shift+S 组合键打开【图形另存为】对话框，如图 11-21 所示，在该对话框中将存储文件名设置为 "绘制门窗.dwg"，再单击 保存(S) 按钮。

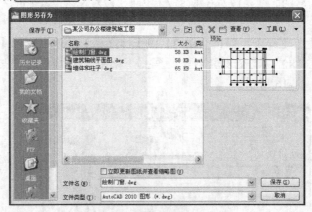

图11-21　【图形另存为】对话框

2. 启动【门窗】命令后，弹出如图 11-22 所示的【门】对话框，在其中设置门高为
   "2500"，编号设为"JLM"，单击【门】对话框左边的图案，进入【天正图库管理系
   统】窗口，如图 11-23 和图 11-24 所示，选择【卷帘门】下的"卷帘门-半开"三维图
   案，并选择充满整个墙段插入门窗⊞按钮在图中插入 JLM。

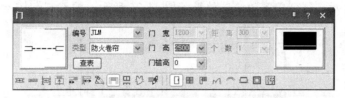

图11-22  【门】对话框

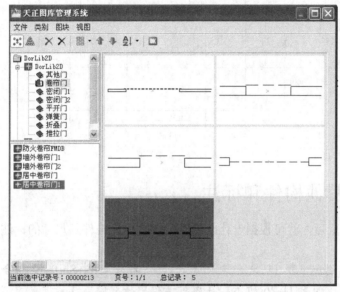

图11-23  【天正图库管理系统】窗口（1）

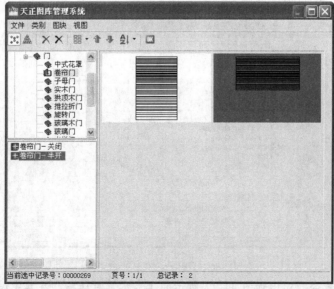

图11-24  【天正图库管理系统】窗口（2）

系统提示如下。

命令：T81_TOpening

点取门窗大致的位置和开向(Shift—左右开)<退出>：　　//分别单击 A 轴线上的 5 个开间

点取门窗大致的位置和开向(Shift—左右开)<退出>：　　//按 Enter 键

3. 完成上述操作后，得到门窗的绘制效果如图 11-25 所示，按 Ctrl+S 组合键保存文档。

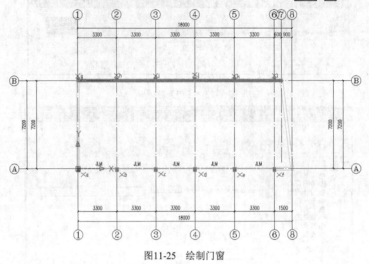

图11-25　绘制门窗

## 11.4　绘制其他构件和标注

当门窗绘制完成后，就可根据设计的要求绘制室内外构件及尺寸的标注，其操作步骤提示。

1. 打开附盘文件"dwg\第 11 章\绘制门窗.dwg"，再按 Ctrl+Shift+S 组合键打开【图形另存为】对话框，如图 11-26 所示，在该对话框中将存储文件名设置为"绘制其他构件和标注.dwg"，单击 保存(S) 按钮。

图11-26　【图形另存为】对话框

2. 启动【散水】命令，弹出如图 11-27 所示的【散水】对话框，在其中设置室内外高差为

250，散水宽度为 800，选择【绕阳台】、【绕柱子】及【绕墙体造型】复选项，单击
【散水】对话框下方的▣按钮，在图中创建散水。

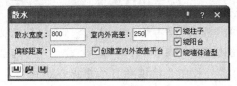

图11-27　【散水】对话框

系统提示如下。

命令：T81_TOutlna

请选择构成一完整建筑物的所有墙体(或门窗、阳台)<退出>:指定对角点：找到 19 个

//框选所有墙体，如图11-28所示

请选择构成一完整建筑物的所有墙体(或门窗、阳台)<退出>:　　　　//按 Enter 键

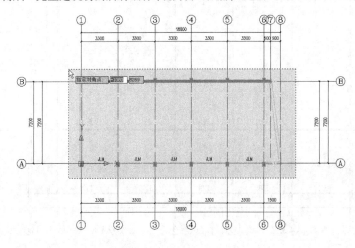

图11-28　框选所有墙体

效果如图 11-29 所示。

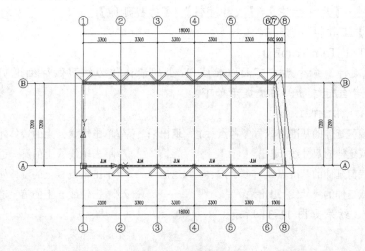

图11-29　绘制散水

3.　双击第一道尺寸线或第二道尺寸线，此时将进入尺寸标注编辑状态，单击外墙外侧点

作为标注点，此时将会达到增补标注的效果，下面拿轴线 1 上的墙体作为介绍，双击轴线 A 与轴线 B 之间的第一道尺寸线，系统提示如下。

　　命令：T81_TObjEdit

　　点取待增补的标注点的位置或 [参考点(R)]<退出>:　　　//选取轴线 A 墙体的外侧

　　点取待增补的标注点的位置或 [参考点(R)]<退出>:　　　//选取轴线 B 墙体的外侧

对于其他轴线上墙体的增补尺寸，请读者自己根据以上操作，结果如图 11-30 所示。

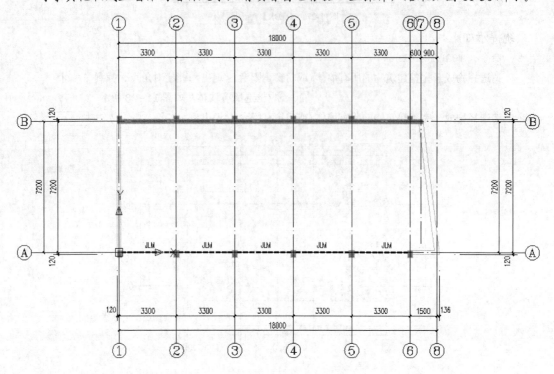

图11-30　尺寸增补

4.　在 TArch 8.5 中执行【剪裁延伸】命令的调用方式有 3 种。

- 菜单命令：【尺寸标注】/【尺寸编辑】/【剪裁延伸】。
- 【标注】工具栏按钮：⊨。
- 命令：T81_TdimTrimExt。

启动【剪裁延伸】命令后，下面以轴线 1 上的墙体作为练习做详细说明，其他轴线上的墙体请读者自行练习，系统提示如下。

　　命令：T81_TDIMTRIMEXT

　　请给出裁剪延伸的基准点或 [参考点(R)]<退出>:　　//单击轴线 A 上的墙体外侧

　　要裁剪或延伸的尺寸线<退出>:　　　　　　　　　　//单击轴线 A 上的第一道尺寸线

　　请给出裁剪延伸的基准点或 [参考点(R)]<退出>:　　//单击轴线 B 上的墙体外侧

　　要裁剪或延伸的尺寸线<退出>:　　　　　　　　　　//单击轴线 B 上的第一道尺寸线

完成操作后，结果如图 11-31 所示。

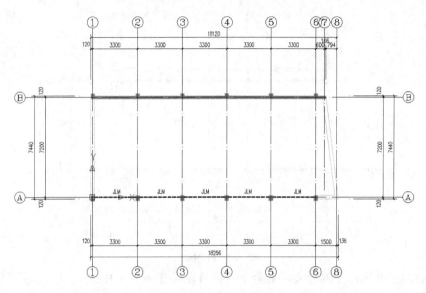

图11-31　剪裁延伸外包尺寸

5. 给散水创建标注，启动【逐点标注】命令，在轴线 1 处的散水创建尺寸标注，系统提示如下。

> 命令：T81_TDIMMP
>
> 起点或 [参考点(R)]<退出>：　　　　　　　　　　//选择轴线 1 处墙体的外侧中点
>
> 第二点<退出>：　　　　　　　　　　　　　　　　//选择轴线 1 处散水的外侧中点
>
> 请点取尺寸线位置或 [更正尺寸线方向(D)]<退出>：　//在墙体中点处单击一点
>
> 请输入其他标注点或 [撤消上一标注点(U)]<结束>：　//按 Enter 键

6. 启动【标高标注】命令后，打开如图 11-32 所示的【标高标注】对话框，在该对话框中选中【手工输入】复选项，文字样式为 "STANDARD"，字高为 "5"，并单击带基线的按钮 ，设置标高值为 "－3.000" 后在平面图中的室内单击创建室内标高标注，系统提示如下。

> 命令：T81_TMElev
>
> 请点取标高点或 [参考标高(R)]<退出>：　　　　　　　　　//在室内适当位置单击一点
>
> 请点取标高方向<退出>：　　　　　　　　　　　　　　　　//标高方向向上
>
> 点取基线位置<退出>：　　　　　　　　　　　　　　　　　//向左适当选区取位置
>
> 下一点或 [第一点(F)]<退出>：　　　　　　　　　　　　　//按 Enter 键

图11-32　【标高标注】对话框

7. 重复上述命令操作过程，设置散水以外区域的标高为 "－2.750"，最终效果如图 11-33 所示。

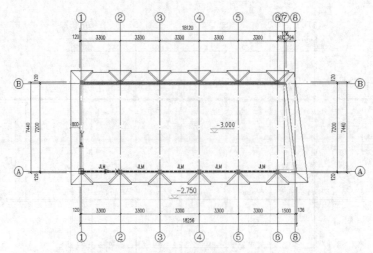

图11-33　创建标注

8.　在 TArch 8.5 中执行【单行文字】命令的调用方式有如下 3 种。
- 菜单命令:【文字表格】/【单行文字】。
- 【常用快捷功能 1】工具栏按钮: 字 。
- 命令: T81_Ttext。

启动【单行文字】命令,打开如图 11-34 所示的【单行文字】对话框,在室内创建单行文本"办公室"文字,设置字高为"6",在室内单击一点进行创建,如图 11-34 所示,系统提示如下。

命令: T81_TText

请点取插入位置<退出>:　　　　　　　　　　　　//在室内合适位置单击一点

请点取插入位置<退出>:　　　　　　　　　　　　//按 Enter 键

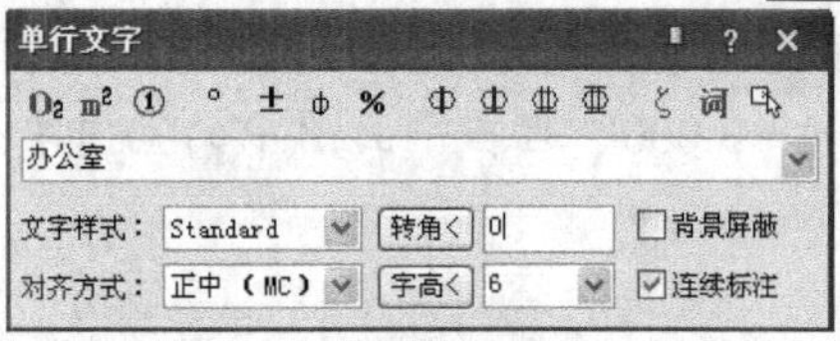

图11-34　【单行文字】对话框

9.　在 TArch 8.5 中执行【图名标注】命令的调用方式有如下 3 种。
- 菜单命令:【符号标注】/【图名标注】。
- 【常用快捷功能 2】工具栏按钮: AB·。
- 命令: T81_TdrawingName。

启动【图名标注】命令后,打开如图 11-35 所示的【图名标注】对话框,在对话框中输入"首层平面图"文字,设置字高为"7",设置比例为"1:100",字高为"5",并选择【国标】选项,在图中的下方中央位置单击一点,结果如图 11-36 所示。

图11-35　【图名标注】对话框

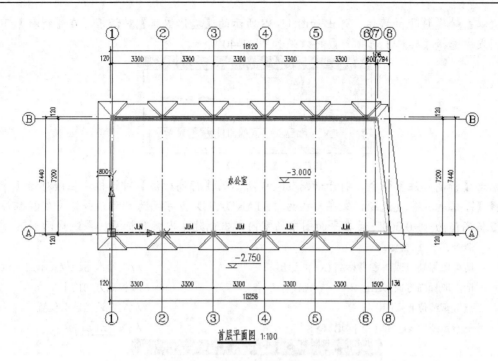

图11-36　首层平面图

10. 完成以上所有操作后，按 Ctrl+Shift+S 组合键打开【另存为】对话框，在该对话框中设置保存文件名为"首层平面图"，最后单击 保存(S) 按钮完成首层平面图的绘制。

## 11.5　创建标准层平面图

首层平面图绘制完成后，用户即可将首层平面进行复制，对其进行修改生成标准层的平面图。本节将介绍某公司办公楼标准层平面图的绘制方法，其操作步提示骤如下。

1. 打开附盘文件"dwg\第 11 章\首层平面图.dwg"，再按 Ctrl+Shift+S 组合键将其存储为"标准层平面图.dwg"文件，如图 11-37 所示。

图11-37　【图形另存为】对话框

2. 将图中的散水、卷帘门及标高标注删除，同时将 B 轴线上的墙体材料改为"砖墙"，依次双击轴线 B 上的墙体，弹出如图 11-38 所示的【墙体编辑】对话框，在【材料】下拉列表中选择【砖墙】选项，最终效果如图 11-40 所示。

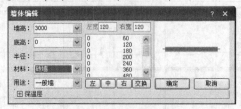

图11-38　【墙体编辑】对话框

3.　启动【标高标注】命令，打开如图 11-39 所示的【标高标注】对话框，在该对话框中选择【手工输入】复选项，文字样式为"STANDARD"，字高为"5"，并单击 ▼ 按钮，设置标高值为"±0.000"后在平面图中的室内单击创建室内标高标注，系统提示如下。

命令：T81_TMElev
请点取标高点或 [参考标高(R)]<退出>：　　　　　　　//在室内适当位置单击一点
请点取标高方向<退出>：　　　　　　　　　　　　　　//标高方向向上
点取基线位置<退出>：　　　　　　　　　　　　　　　//向左适当选取位置
下一点或 [第一点(F)]<退出>：　　　　　　　　　　 //按 Enter 键

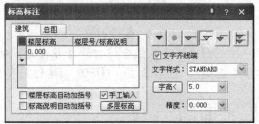

图11-39　【标高标注】对话框

4.　重复上述命令操作过程，把【标高标注】对话框中的楼层标高改为"－0.250"，在室外适当位置单击一点创建室外标高；双击标注文本"办公室"改为"会议室"，修改后的效果如图 11-40 所示。

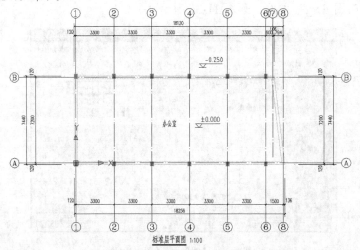

图11-40　标注后的效果图

5.　启动【门窗】命令，打开如图 11-41 所示的【门】对话框，在其中设置门高为

"2500"，编号设为"JLM2"，单击【门】对话框左边的图案，进入【天正图库管理系统】窗口，如图 11-42 所示，选择【卷帘门】选项组下的"居中卷帘门"，单击【门】对话框右边的图案，进入【天正图库管理系统】窗口，如图 11-43 所示，选择【卷帘门】下的"卷帘门-半开"三维图案，并单击【充满整个墙段插入门窗】按钮回在图中插入 JLM2。

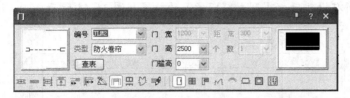

图11-41　【门】对话框

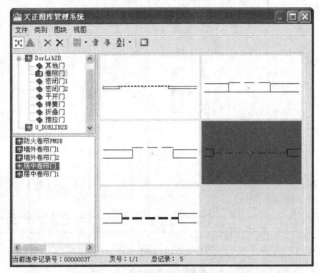

图11-42　【天正图库管理系统】窗口（1）

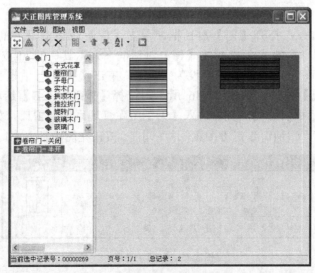

图11-43　【天正图库管理系统】窗口（2）

系统提示如下。

命令：T81_TOpening

点取门窗大致的位置和开向(Shift－左右开)<退出>： //分别单击 B 轴线上的 5 个开

间，把鼠标指针放到 B 轴上的墙体，当门名称显示在上方时单击

鼠标

点取门窗大致的位置和开向(Shift－左右开)<退出>： //按 Enter 键

执行完上述所有操作后，得到卷帘门插入的效果如图 11-44 所示。

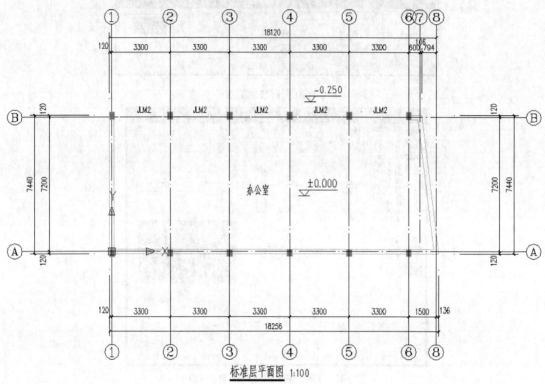

图11-44 插入卷帘门

启动【门窗】命令，打开【门】对话框，单击【门】对话框下方的 按钮，切换到【窗】对话框，如图 11-45 所示，单击【窗】对话框下方工具栏的 按钮，在其中设置门高为"1500"，窗台高为"900"，编号设为"C1"，单击【窗】对话框左边的图案，进入【天正图库管理系统】窗口，如图 11-46 所示，选择【WINLIB2D】选项组下的"五线表示"，单击【窗】对话框右边的图案，进入【天正图库管理系统】窗口，如图 11-47 所示，选择【无亮子】下的"塑钢窗"三维图案，并单击 按钮在图中插入 C1。

图11-45 【窗】对话框

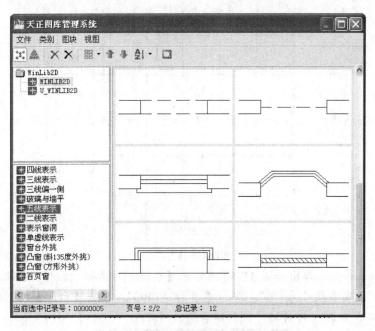

图11-46 【天正图库管理系统】窗口（1）

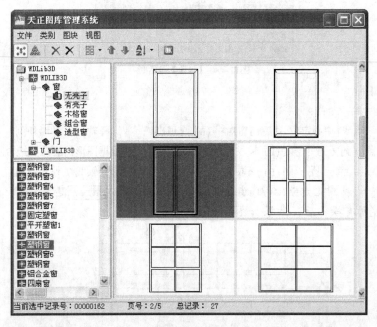

图11-47 【天正图库管理系统】窗口（2）

系统提示如下。

命令: T81_TOpening

点取墙体<退出>:         //单击【窗】对话框下方工具栏中的▣按钮

点取门窗大致的位置和开向(Shift－左右开)<退出>://依次选取轴线 A 上的 5 个间隔插入 C1

点取门窗大致的位置和开向(Shift－左右开)<退出>:   //按 Enter 键

执行完上述所有操作后，得到 C1 插入的效果如图 11-48 所示。

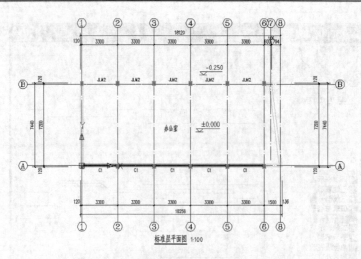

图11-48　插入 C1

6. 启动【台阶】命令，弹出如图 11-49 所示的【台阶】对话框，在对话框汇总设置台阶总
   高为"250"，踏步数目为"1"，平台宽度为"1200"，单击【台阶】对话框下方工具栏
   中的按钮 ，在轴线 B 外墙外侧创建台阶。

图11-49　【台阶】对话框

系统提示如下。

```
命令：T81_TSTEP
指定第一点或[中心定位(C)/门窗对中(D)]<退出>：//选择轴线 1 外墙外侧
第二点或 [翻转到另一侧(F)]<取消>：F          //根据图形捕捉需要把台阶进行翻转
第二点或 [翻转到另一侧(F)]<取消>：          //选择轴线 7 外墙外侧
指定第一点或[中心定位(C)/门窗对中(D)]<退出>：//按 Enter 键
```

执行完上述所有操作后，结果如图 11-50 所示。

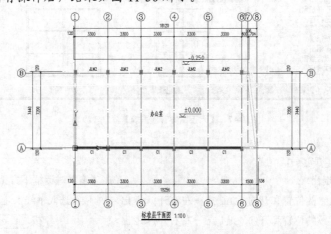

图11-50　插入台阶

7. 完成以上所有操作后，单击 ⊟ 按钮保存标准层平面图，再按 [Ctrl]+[Shift]+[S] 组合键打开【另存为】对话框，在对话框中设置保存文件名为"屋顶平面图"，如图 11-51 所示。

图11-51 【图形另存为】对话框

8. 在屋顶平面图中删除所有的卷帘门、C1 及台阶，双击文本框"办公楼"改为"不上人屋面"，双击±0.000 标高标注，进入【标高标注】对话框，在楼层标高中输入"4.000"，如图 11-52 所示，单击 确定 按钮完成标高的标注。

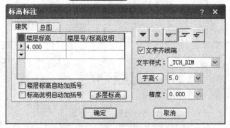

图11-52 【标高标注】对话框

完成上述所有操作后，更改图名为"屋顶平面图"，最后效果如图 11-53 所示。

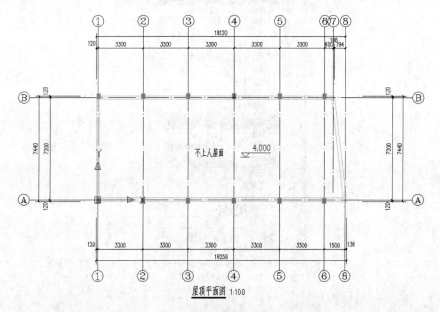

图11-53 屋顶平面图

9. 在屋顶平面图的绘图区中选中所有的外墙，如图 11-54 所示，按 $\boxed{Ctrl}+\boxed{1}$ 组合键打开墙体【特性】面板，在该面板中设置墙体高为 600，如图 11-55 所示；以同样的方法选中所有的柱子，按 $\boxed{Ctrl}+\boxed{1}$ 组合键打开柱子【特性】面板，在该面板中设置柱高为 600，如图 11-56 所示。

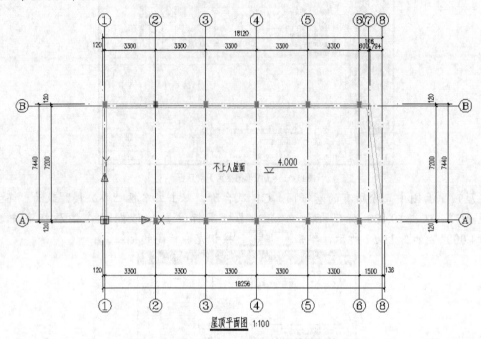

图11-54　选中所有外墙

图11-55　墙体【特性】面板

图11-56 柱子【特性】面板

10. 选择菜单命令【绘图】/【多段线】，按照图 11-57 所示绘制分水脊线和分隔缝。

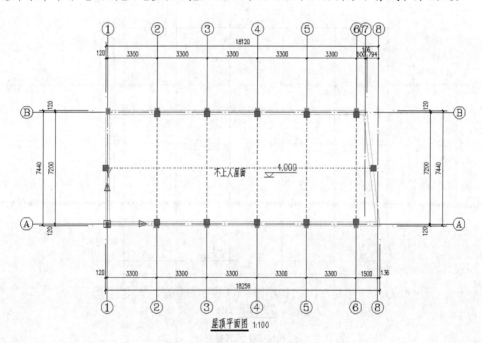

图11-57 绘制分水脊线和分隔缝

11. 选中图 11-57 中所有绘制的分水脊线和分隔缝，按 Ctrl+1 组合键打开【特性】面板，在该面板中选择线型下拉列表中选择"DASH"虚线型，如图 11-58 所示，已更改线型的效果如图 11-59 所示。

图11-58　线型变换面板

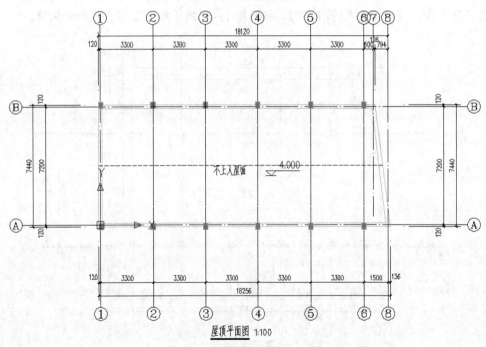

图11-59　设置线型

12. 启动【引出标注】命令，打开如图 11-60 所示的【引出标注】对话框，在对话框中上标注文字设置为"分水脊线"，其他参数如图所示，根据如图 11-61 所示的效果标注分水脊线和分隔缝，设置坡度为 3%。

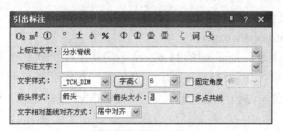

图11-60 【引出标注】对话框

命令: T81_TLeader

请给出标注第一点<退出>: //在适当位置选取一点

输入引线位置或 [更改箭头型式(A)]<退出>: //在适当位置选取一点, 文字在上方

点取文字基线位置<退出>: //在适当位置选取一点

输入其他的标注点<结束>: //按 Enter 键

同样, 坡度为 3%的设置是通过【符号标注】/【箭头引注】命令绘制的, 绘制方法与【引出标注】几乎相同, 在这就不详述了, 请读者自己练习, 执行完上述所有操作后, 得到如图 11-61 所示的效果图。

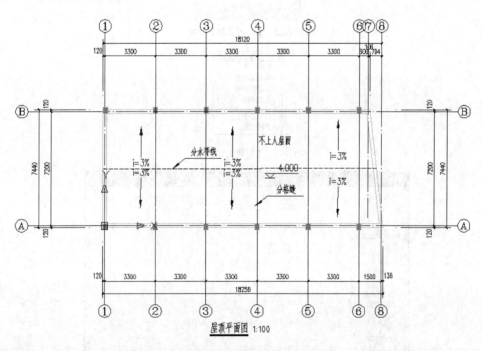

图11-61 标注分水脊线和分隔缝

13. 完成上述全部操作后, 按 Ctrl+S 组合键保存文档。

# 11.6 建立办公楼工程管理

当施工平面图绘制完成后, 还需将这些平面图添加到项目中进行统一管理, 以便于生成立面、剖面及三维模型, 本节将介绍通过工程管理生成立面图的效果, 其操作步骤提示如下。

1. 在 TArch 8.5 中执行【工程管理】命令的调用方式有如下两种。

- 菜单命令:【文件布图】/【工程管理】。
- 命令: T81_TprojectManager。

启动【工程管理】命令,打开如图 11-62 所示的【工程管理】面板,在该面板中的下拉列表中【新建工程】选项,如图 11-63 所示,将新的工程保存在与平面图相同的文件夹下,设置工程文件名为"某公司办公楼建筑工程",最后单击 按钮完成工程的创建,如图 11-64 所示。

图11-62 【工程管理】面板

图11-63 【新建工程】选项

图11-64 创建"某公司办公楼建筑工程"工程文件

2. 在【图纸】栏中的【平面图】子类别上单击鼠标右键,如图 11-65 所示,在弹出的快捷菜单中选择【添加图纸】命令,如图 11-66 所示,在弹出的【选择图纸】对话框中按住 Ctrl 键的同时选中"首层平面图"、"标准层平面图"和"屋顶平面图"3 个 DWG 文件，再单击 打开(0) 按钮将其添加到"平面图"子类别中，如图 11-67 所示。

图11-65 【图纸】面板

图11-66 【添加图纸】命令

图11-67 【选择图纸】对话框

3. 展开"楼层"栏，在该栏中将光标定位到最后一列的单元格中，再单击其单元格右侧的□按钮，打开【选择标准层图形文件】对话框，如图 11-68 所示。在该对话框中选择"首层平面图"文件，单击 打开(0) 按钮，再设置该楼层高，重复此方法设置整个在建的楼层，如图 11-69 所示。

图11-68 【选择标准层图形文件】对话框

图11-69 设置楼层表

4. 完成以上操作后，楼层表创建完成，按 Ctrl+S 组合键保存文档。

## 11.7 生成办公楼立面图

利用已建好的工程文件生成立面图，其操作步骤提示如下。

1. 在【工程管理】面板的"楼层"栏中单击 按钮，选择生成正立面，并选中首层平面图中的轴线 1 和轴线 8，弹出如图 11-70 所示的【立面生成设置】对话框，单击 生成立面 按钮，再输入保存文件名后单击 保存(S) 按钮可生成如图 11-71 所示的 1-8 立面图。

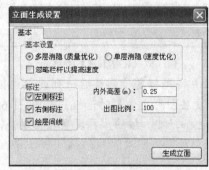

图11-70 【立面生成设置】对话框

系统提示如下。

命令：T81_TBudElev

请输入立面方向或 [正立面(F)/背立面(B)/左立面(L)/右立面(R)]<退出>：F//选择正立面

请选择要出现在立面图上的轴线:找到 1 个　　　　　　　　　//选择轴线1

请选择要出现在立面图上的轴线:找到 1 个，总计 2 个　　　//再次选择轴线8

请选择要出现在立面图上的轴线:　　　　　　　　　　　　//按 Enter 键结束操作

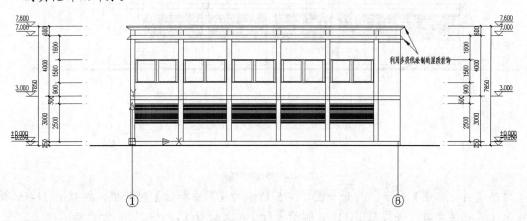

图11-71　生成的1-8立面图

2. 从图 11-71 中可看出系统生成的立面图并不能满足用户的需求，此时用户可在 AutoCAD 中选择菜单命令【绘图】/【多段线】，按照如图 11-72 所示绘制立面图中所需的其他详细部分。

图11-72　利用多段线绘制的屋顶装饰

3. 由生成的立面图可以发现，其窗子立面并不能达到要求。启动【立面门窗】命令，打开如图 11-73 所示的【天正图库管理系统】窗口，选择【立面窗】下的"推拉窗"下拉列表中的"1 800×21 000"，单击 按钮，按照系统提示替换图中的所有窗体，如图 11-74 所示。

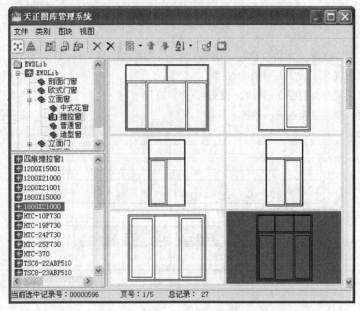

图11-73　【天正图库管理系统】窗口

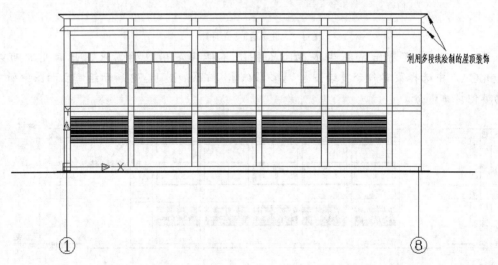

图11-74　更改立面窗

4. 启动【引出标注】命令，打开如图 11-75 所示的【引出标注】对话框，按照图 11-75 所示设置相关参数，并按照图 11-76 所示进行 1-8 立面标注，并删除多余的标高标注。

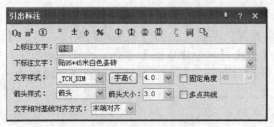

图11-75　【引出标注】对话框

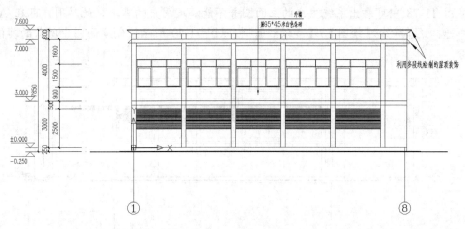

图11-76  1-8 立面标注

5. 在【工程管理】面板的【楼层】栏中单击 按钮，选择生成背立面，并选中首层平面图中的轴线 1 和轴线 7，弹出如图 11-77 所示的【立面生成设置】对话框中单击 生成立面 按钮，再输入保存文件名后单击 保存(S) 按钮可生成如图 11-78 所示的 7-1 立面图。

图11-77  【立面生成设置】对话框

系统提示如下。

```
命令：T81_TBudElev
请输入立面方向或 [正立面(F)/背立面(B)/左立面(L)/右立面(R)]<退出>：B//选择背立面
请选择要出现在立面图上的轴线:找到 1 个                     //单击轴线 1
请选择要出现在立面图上的轴线:找到 1 个，总计 2 个           //再次单击轴线 7
请选择要出现在立面图上的轴线:                              //按 Enter 键结束操作
```

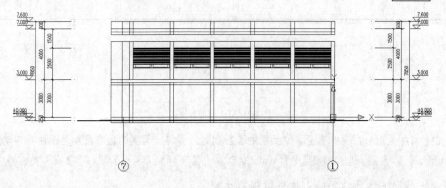

图11-78  生成的 7-1 立面图

6.  从图 11-78 中可看出系统生成的立面图并不能满足用户的需求，此时用户可在 AutoCAD 中选择菜单命令【绘图】/【多段线】，按照图 11-79 所示绘制立面图中所需的其他详细部分。

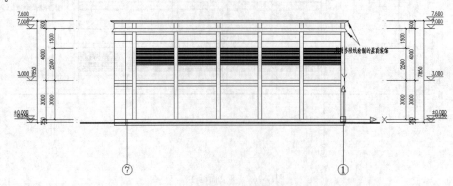

图11-79  利用多段线绘制的屋顶装饰

7.  启动【引出标注】命令，打开如图 11-80 所示的【引出标注】对话框，按照图 11-80 所示设置相关参数，并按照图 11-81 所示进行 7-1 立面标注，并删除多余的标高标注。

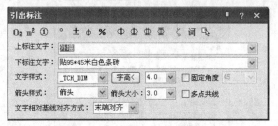

图11-80  【引出标注】对话框

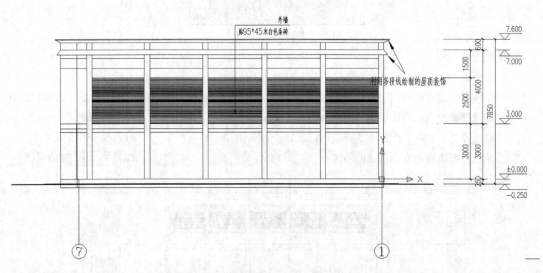

图11-81  7-1 立面标注

要点提示  制作 7-1 立面时，用户需先将立面图的首层删除，再将立面图的标准层和屋顶向下移动到地平面上即可，在此过程中需要用到 AutoCAD 中的【修剪】、【偏移】、【移动】等命令。

8.  完成以上操作后，按 Ctrl+S 组合键保存文档。

## 11.8 生成办公楼剖面图

仅靠平面图和立面图不能完全地生成建筑形状和数据，此时用户还可根据工程中的平面图生成剖面图效果。本节将先在首层平面上创建剖切符号，再利用 TArch 8.5 的工程管理功能创建剖面图，其操作步骤提示如下。

1. 选择菜单命令【文件布图】/【工程管理】，打开【工程管理】面板，如图 11-82 所示，在其中打开附盘文件"dwg\第 11 章\11-6 某公司办公楼建筑工程.tpr"，如图 11-83 所示。

图11-82 【工程管理】面板

图11-83 打开文件

2. 在工程管理面板展开【图纸】栏，双击【平面图】子类别中的"首层平面图"，此时首层平面图将被打开，启动【剖面剖切】命令，系统提示如下。

```
命令: T81_TSECTION
请输入剖切编号<1>:              //输入编号1
点取第一个剖切点<退出>:         //选取剖切位置的第一点
点取第二个剖切点<退出>:         //选取剖切位置的第二点
点取下一个剖切点<结束>:         //按 Enter 键结束
点取剖视方向<当前>:            //向左剖切
```

执行完上述所有操作后，得到如图 11-84 所示的效果图。

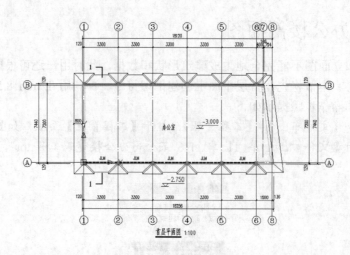

图11-84　创建剖面剖切符号

3. 启动【建筑剖面】命令，系统提示如下。

命令：`T81_TBudSect`

请选择一剖切线：　　　　　　　　　　　　　//选择第 1 剖切线符号

请选择要出现在剖面图上的轴线:找到 1 个　　　　//选择 A 轴线

请选择要出现在剖面图上的轴线:找到 1 个，总计 2 个　//选择 B 轴线

请选择要出现在剖面图上的轴线:

　　　　　　　　//按 Enter 键打开如图 11-85 所示的【剖面生成设置】对话框

单击【剖面生成设置】对话框中的 ⬛生成剖面⬛ 按钮，打开如图 11-86 所示的【输入要生成的文件】对话框，输入文件名为 "1-1 剖面"，单击 ⬛保存(S)⬛ 按钮即可完成剖面图的生成，如图 11-87 所示。

图11-85　【剖面生成设置】对话框

图11-86　【输入要生成的文件】对话框

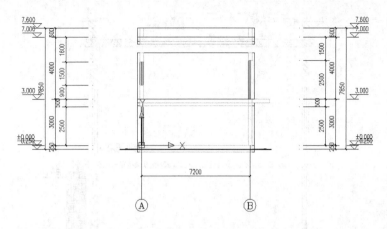

图11-87　根据剖切线生成的剖面图

4. 重复生成立面图的方法在剖面图中利用【多段线】绘制各装饰线，最终效果如图 11-88
所示。

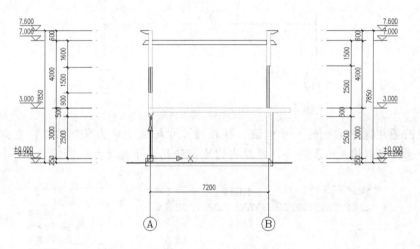

图11-88　修改后的剖面图

5. 选择菜单命令【剖面】/【剖面填充】，选取要填充的剖面墙、梁板、楼梯，打开如图
11-89 所示的对话框，选择相应的填充材料和填充比例，再在剖面图中为墙体剖面、楼
板剖面、散水剖面等进行填充，结果如图 11-90 所示。

图11-89　【剖面填充】设置对话框

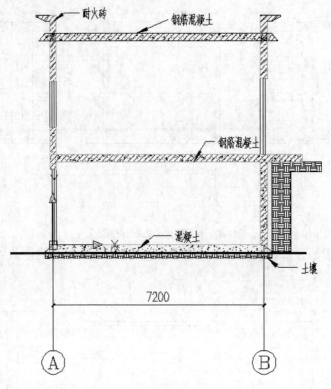

图11-90　填充剖面

6. 在剖面图中选中右侧的尺寸标注，并在该尺寸标注上单击鼠标右键，在弹出的快捷菜单中选择【取消尺寸】命令，再单击需要删除的尺寸标注，如图 11-91 所示。

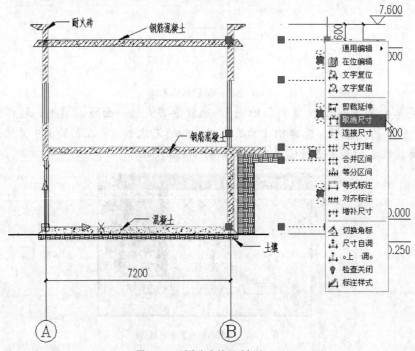

图11-91　删除多余的尺寸标注

7. 将剖面图中多余的标高标注删除，并增补相应的尺寸标注，结果如图 11-92 所示。

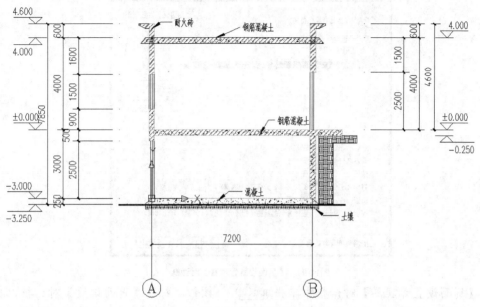

图11-92 剖面图效果

8. 完成上述操作后，按 Ctrl+S 组合键保存文件。

# 11.9 布置办公楼图纸

当施工图的平面图、立面图和剖面图都绘制完成后，需制作建筑说明，最后再将各图纸及说明进行打印输出。本案例将对已绘制好的图形进行打印前的布局，其布局内容包括页面设置、图框添加、图框信息填写等，其操作步骤提示如下。

1. 打开附盘文件 "dwg\第 11 章\首层平面图.dwg" 的文件，单击绘图区域左下方的 布局1 选项卡进入"布局 1"环境中，按 Ctrl+A 组合键选中布局页面中的全部对象，按 Delete 键将选中对象删除。

2. 在 布局1 选项卡上单击鼠标右键，在弹出的如图 11-93 所示的快捷菜单中选择【页面设置管理器】命令，打开【页面设置管理器】对话框，如图 11-94 所示。

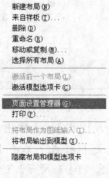

图11-93 快捷菜单

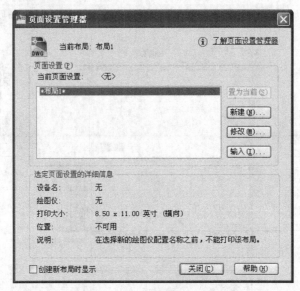

图11-94 【页面设置管理器】对话框

3. 在【页面设置管理器】对话框中单击 修改(M)... 按钮，打开【页面设置】对话框，在该对话框中按照图 11-95 所示设置打印机或绘图仪设备、图纸尺寸、打印比例，最后单击 确定 按钮完成布局页面设置。

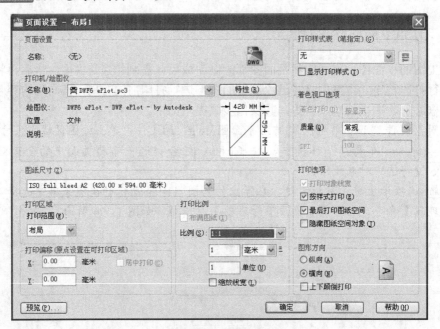

图11-95 【页面设置】参数

4. 选择菜单命令【文件布图】/【插入图框】，在弹出的【插入图框】对话框中按照图 11-96 所示的方法选择图幅大小和标题栏样式，单击【标准标题栏】右侧的 按钮，打开【天正图库管理系统】窗口，如图 11-97 所示，选择【普通标题栏】选项下的 "180×50"，双击该图返回【插入图框】对话框。

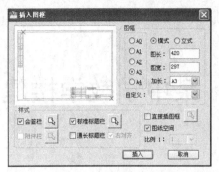

图11-96 【插入图框】对话框

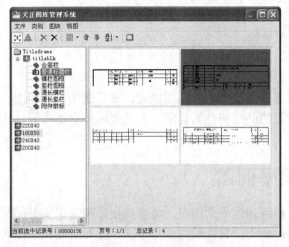

图11-97 【天正图库管理系统】窗口

5. 选择好图框后，在【插入图框】对话框中单击 插入 按钮，再在布局窗口中按 Z 键将图框插入到布局原点位置上，结果如图 11-98 所示。

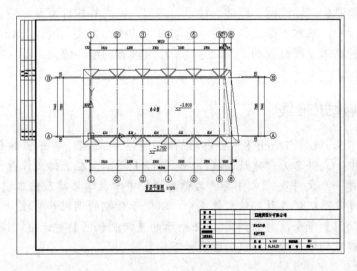

图11-98 插入图框

6. 最后对所有的平面图、立面图、剖面图进行图框的插入工作，并图框中的信息进行填写，即可完成一套完整的建筑施工图。

# 第12章　某中学教学楼建筑设计

**【学习指导】**
- 掌握建筑平面图的绘制方法。
- 学会应用建筑平面图向立面图、剖面图转化的方法。
- 掌握屋面排水的绘制。
- 掌握一些建筑详图的绘制。
- 了解建筑图的图纸布置。

本章将进一步介绍建筑设计的基本绘图流程，对平面图、立面图、剖面图的绘制做进一步的详细介绍，介绍建筑的一些构件的详细绘制及屋面排水的布置，读者在绘图时能达到熟练的水平。

## 12.1　创建首层平面图

在利用 TArch 8.5 绘制建筑平面图时，可直接根据需要定义开间和进深生成轴网，再根据轴网绘制墙体和门窗，由于门窗都是由 TArch 8.5 图库所提供的图块，因此用户只需选择门窗样式并在设计要求的位置插入即可，无需用户另外定义图块，并且天正建筑的图库系统是按照《房屋建筑制图统一标准》的规定进行定义的，本节将介绍某中学教学楼的建筑施工图首层平面图的绘制方法。根据第二部分有关章节所介绍的基本知识，利用 TArch 8.5 的各项相关命令依次绘制建筑轴线网、墙体、柱子、门窗、室内外构件以及标注等。其实，在以后的命令执行过程中，基本上是从菜单栏中选取命令的操作方式，因为 TArch 8.5 的菜单栏是按照建筑制图的基本流程设置的，因此方便了广大读者的绘图练习，给大家提供了一个绘图的基本流程。

### 12.1.1　绘制建筑轴线

1. 启动 TArch 8.5，此时 TArch 8.5 会自动创建一个空白文档，单击 🔳 按钮将该空白文档保存到硬盘中，文件名为"建筑轴线"，如图 12-1 所示。在选择文件存储路径时，在硬盘中单独创建一个文件夹，文件夹的名称为"某中学教学楼建筑施工图"，将本工程中绘制的所有建筑图纸都存放到该文件夹中，以便于后期的调用和管理。
2. 启动【绘制轴网】命令，打开如图 12-2 所示的【绘制轴网】对话框，按表 12-1 所示轴网参数绘制建筑轴线，绘制轴线的方法如下。

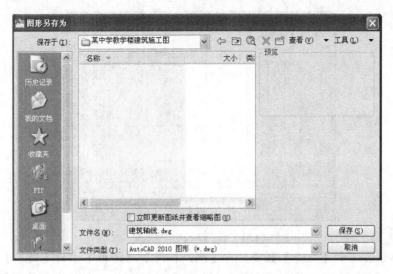

图12-1 【图形另存为】对话框

表 12-1 　　　　　　　　　　　　　　轴网参数

| 直线轴网 | 上开间 | 10 200，1 800，4 350*2，4 200，8 700*4 |
| --- | --- | --- |
| | 上开间 | 10 200，1 800，4 350*2，4 200，8 700*4 |
| | 左进深 | 12 600，3 300，480，7 800，3 000，7 800 |
| | 左进深 | 12 600，3 300，480，7 800，3 000，7 800 |

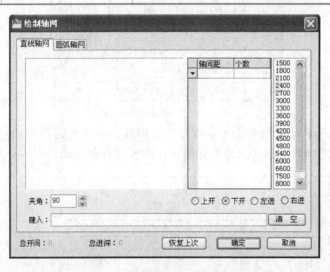

图12-2 【绘制轴网】对话框

3. 选择【上开】选项，在【绘制轴网】对话框下方的【键入】文本框中依次输入 10 200、1 800、4 350、4 350、4 200、8 700、8 700、8 700、8 700，按 Enter 键结束，其中数值之间用逗号隔开，因为上开和下开的轴网参数相同，所以只输入一次即可，结果如图 12-3 所示。

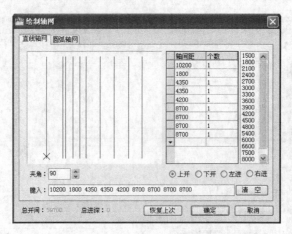

图12-3　上、下开绘制轴网效果

4.　用同样的方法选中【左进】选项，在【绘制轴网】对话框下方的【键入】文本框中依次输入 12600、3300、480、7800、3000、7800，按 [Enter] 键结束，同样数值之间用逗号隔开，因为左进和右进的参数相同，所以只输入一次即可，选择夹角为 90°，结果如图 12-4 所示。

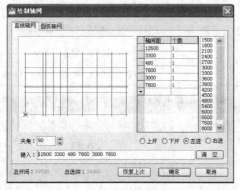

图12-4　左、右进绘制轴网效果

5.　当在【绘制轴网】对话框中输入各项轴网数据后，单击对话框中的 [确定] 按钮并在绘图区域中指定轴网的插入点为坐标原点，即可完成轴网的绘制，如图 12-5 所示。

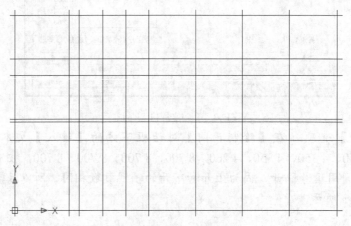

图12-5　插入轴线网

6.  选择菜单命令【轴网柱子】/【轴改线型】将轴线网在实线与点画线之间切换，轴线网的点画线显示如图 12-6 所示。

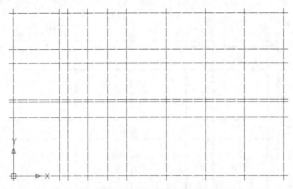

图12-6　点画线轴线网

7.  启动【轴网标注】命令后，弹出如图 12-7 所示的【轴网标注】对话框，在其中的文本框中输入 "1"，选择双侧标注，系统提示如下。

命令：T81_TAxisDim2p
请选择起始轴线<退出>：　　　　　　　　　　//选择轴网平面图下方左侧第一条轴线 A
请选择终止轴线<退出>：　　　　　　　　　　//选择轴网平面图下方右侧第一条轴线 B
请选择不需要标注的轴线：　　　　　　　　　//按 Enter 键

在【轴网标注】对话框中把 "1" 修改为 "A"。

请选择起始轴线<退出>：　　　　　　　　　　//选择轴网平面图左侧下方第一条轴线 C
请选择终止轴线<退出>：　　　　　　　　　　//选择轴网平面图左侧上方第一条轴线 D
请选择不需要标注的轴线：　　　　　　　　　//按 Enter 键

结果如图 12-8 所示，最后单击 ⊟ 按钮保存文档。

图12-7　【轴网标注】对话框

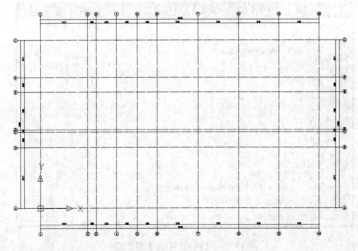

图12-8　标注轴线

8. 选择菜单命令【轴网柱子】/【轴线裁剪】，按照系统提示裁剪如图 12-8 所示的轴线，同时选择菜单命令【轴网柱子】/【轴号隐现】，对轴号 4 进行单侧隐藏，结果如图 12-9 所示。

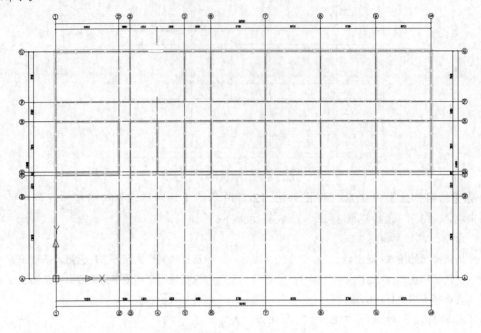

图12-9　轴线编辑

## 12.1.2　绘制墙体和柱子

根据绘制的建筑轴线来完成墙体和柱子的绘制，其操作步骤及演示如下所示。

1. 打开附盘文件"dwg\第 12 章\12-1 建筑轴线.dwg"，再按 Ctrl+Shift+S 组合键打开【图形另存为】对话框，如图 12-10 所示，在该对话框中将存储文件名设置为"墙体和柱子.dwg"，再单击 保存(S) 按钮。

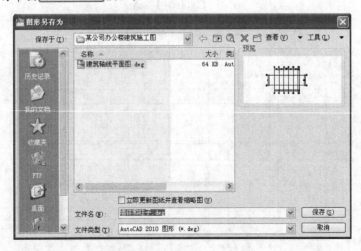

图12-10　【图形另存为】对话框

2. 墙体的绘制，在 TArch 8.5 中执行【单线变墙】命令，该命令的调用方式有如下 3 种。
   - 菜单命令:【墙体】/【单线变墙】。
   - 【常用快捷功能 1】工具栏按钮: ![].
   - 命令: T81_TSWall。

启动【单线变墙】命令，打开如图 12-11 所示的【单线变墙】对话框，在其中设置墙体高度为 "3900"，设置外墙外侧宽、内侧宽都为 "120"，内墙宽为 "240"，墙体材料为 "砖墙"，并选择【轴网生墙】单选项，按照命令的提示绘制墙体。

图12-11　【单线变墙】对话框

系统提示如下。

命令: `T81_TSWALL`

选择要变成墙体的直线、圆弧或多段线:指定对角点：找到 16 个//单击鼠标左键框选所有轴线，选中的轴线显示为虚线，如图 12-12 所示

选择要变成墙体的直线、圆弧或多段线：　　　　　　//按 Enter 键

处理重线...

处理交线...

识别外墙...

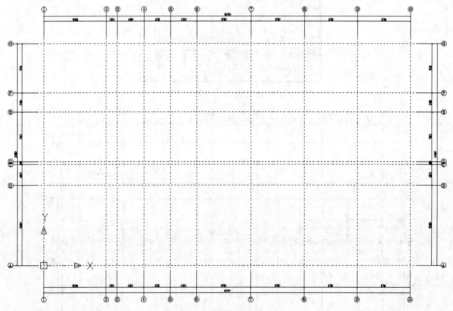

图12-12　轴线显示为虚线

绘制的墙体如图 12-13 所示。

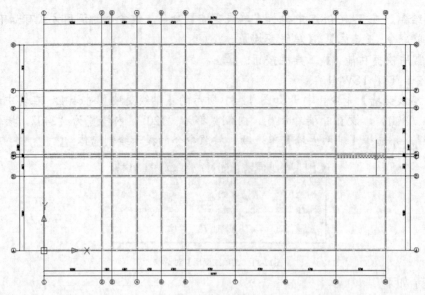

图12-13　绘制墙体

3. 对图 12-13 中的多余墙体用 Erase 命令进行删除，选择菜单命令【墙体】/【绘制墙体】，打开如图 12-14 所示的【绘制墙体】对话框，在对话框中设置材料为"轻质隔墙"，用途为"卫生隔断"，左宽、右宽分别选择"100"，单击 按钮，在图中的轴线 D、E 与轴线 1、2 相交的开间和轴线 9、10 与轴线 F、G 相交的开间内绘制卫生隔断，最后墙体效果如图 12-15 所示。

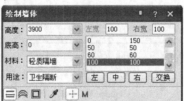

图12-14　【绘制墙体】对话框

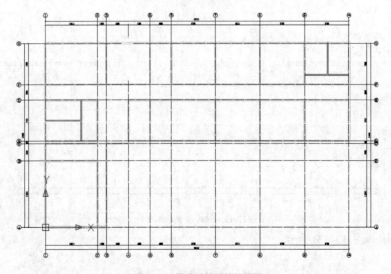

图12-15　修改后的墙体效果图

4. 启动【标准柱】命令，打开如图 12-16 所示的【标准柱】对话框，设置柱子的材料为"钢筋混凝土"，形状为"矩形"，为方便起见，设置【柱子尺寸】选项下的横向为"400"，纵向为"400"，柱高为"3900"，【偏心转角】选项下的横轴和纵轴都为"0"，转角为"0"，单击 ➕ 按钮，在轴线的交点处创建柱子，最后柱子的插入效果如图 12-17 所示。

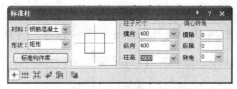

图12-16 【标准柱】对话框

系统提示如下。

命令：T81_TInsColu

点取位置或 [转 90 度(A)/左右翻(S)/上下翻(D)/对齐(F)/改转角(R)/改基点(T)/参考点(G)]<退出>：　　　　　　　　　　//按照图 12-17 所示的柱子位置插入柱子

点取位置或 [转 90 度(A)/左右翻(S)/上下翻(D)/对齐(F)/改转角(R)/改基点(T)/参考点(G)]<退出>：　　　　　　　　　　//按 Enter 键

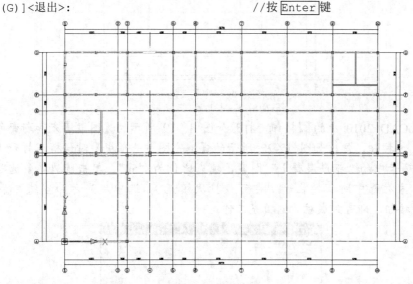

图12-17 插入柱子

5. 下面介绍轴线 G 上柱子的绘制过程，启动【柱齐墙边】命令，系统提示如下。

命令：T81_TAlignColu

请点取墙边<退出>：　　　　　　　　　　　　　　　//选取轴线 G 上的外墙外侧

选择对齐方式相同的多个柱子<退出>：找到 1 个　　　//选择柱子 a

选择对齐方式相同的多个柱子<退出>：找到 1 个，总计 2 个　　//单击选择柱子 b

选择对齐方式相同的多个柱子<退出>：找到 1 个，总计 3 个　　//单击选择柱子 c

选择对齐方式相同的多个柱子<退出>：找到 1 个，总计 4 个　　//单击选择柱子 d

选择对齐方式相同的多个柱子<退出>：找到 1 个，总计 5 个　　//单击选择柱子 e

选择对齐方式相同的多个柱子<退出>：找到 1 个，总计 6 个　　//单击选择柱子 f

选择对齐方式相同的多个柱子<退出>：找到 1 个，总计 7 个　　//单击选择柱子 g

选择对齐方式相同的多个柱子<退出>:找到 1 个，总计 8 个　　//单击选择柱子 h
选择对齐方式相同的多个柱子<退出>:找到 1 个，总计 9 个　　//单击选择柱子 i
选择对齐方式相同的多个柱子<退出>:　　　　　　　　　　　//按 Enter 键
请点取柱边<退出>:　　　　　　　　　　　　　//选取与外墙外侧平行的 a 柱边
请点取墙边<退出>:　　　　　　　　　　　　　//按 Enter 键

对于其他轴线上柱子与墙体的对齐的操作方法与轴线 G 上的柱齐墙边类似，在这就不一一详述了，请读者自己练习，执行完上述所有操作后，得到如图 12-18 所示的效果。

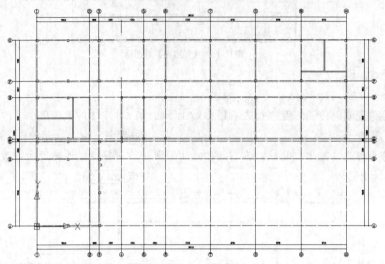

图12-18　柱齐墙边后的效果

6. 单击 AutoCAD 2010 中的 按钮，打开如图 12-19 所示的【图案填充和渐变色】对话框，单击 按钮，弹出如图 12-20 所示的【填充图案选项板】对话框，打开【其他预定义】选项卡中的 "钢筋混凝土" 图案，填充比例为 "50"，单击【边界】选项组中的 按钮，依次选中所有的柱子（也可分批次填充），选中后显示为虚线，最后单击 确定 按钮，即可完成柱子的填充工作。

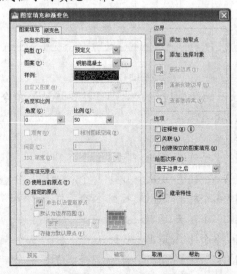

图12-19　【图案填充和渐变色】对话框

图12-20 【填充图案选项板】对话框

7. 完成上述操作后，得到墙体和柱子绘制效果如图 12-21 所示，单击 ▦ 按钮保存文档。

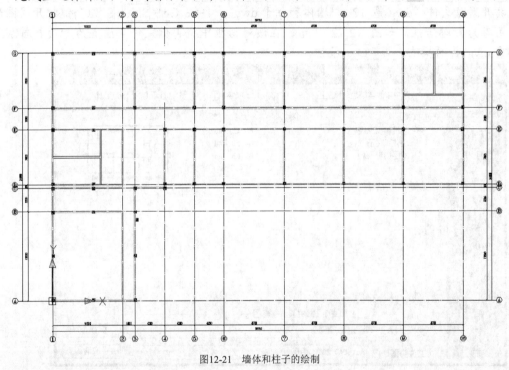

图12-21 墙体和柱子的绘制

## 12.1.3 绘制首层门窗

当建筑图中的墙体和柱子绘制完成后，就可按建筑设计的需要绘制门窗了，门窗参数表如表 12-2 所示，其操作步骤及演示如下。

表 12-2 门窗参数

| 门窗 | 编号 | 门宽 | 门高 | 门槛高 | 类型 |
|---|---|---|---|---|---|
| 门 | M1 | 1000 | 2100 | 0 | 普通门 |
|  | M2 | 1500 | 2400 | 0 | 普通门 |
|  | M3 | 1800 | 2700 | 0 | 普通门 |
|  | M4 | 3300 | 2700 | 0 | 普通门 |
| 窗 | C1 | 1800 | 1500 | 900 | 普通窗 |
|  | C2 | 3000 | 1500 | 1800 | 高窗 |
|  | C3 | 2400 | 1800 | 900 | 普通窗 |
|  | C4 | 3000 | 1800 | 900 | 普通窗 |
|  | C5 | 3000 | 1800 | 900 | 普通窗 |
|  | C6 | 3000 | 1800 | 900 | 普通窗 |
|  | C7 | 1800 | 1500 | 1800 | 高窗 |

1. 打开附盘文件"dwg\第 12 章\墙体和柱子.dwg"，再按 Ctrl+Shift+S 组合键打开【图形另存为】对话框，如图 12-22 所示，在该对话框中将存储文件名设置为"绘制首层门窗.dwg"，再单击 保存(S) 按钮。

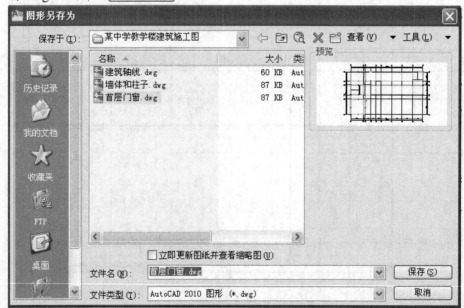

图12-22　【图形另存为】对话框

2. 启动【门窗】命令后，打开如图 12-23 所示的【窗】对话框，在其中设置窗高为 "1500"，窗宽为"1800"，编号设为"C1"，窗台高为"900"，单击【窗】对话框左侧的图案，进入【天正图库管理系统】窗口，如图 12-24 所示，选择【WINLIB2D】下的"五线表示"，单击【窗】对话框右边的图案，进入【天正图库管理系统】窗口，如图 12-25 所示，选择【有亮子】下的"平开窗 1"三维图案，并单击 按钮在图中插入 "C1"。

图12-23  【窗】对话框

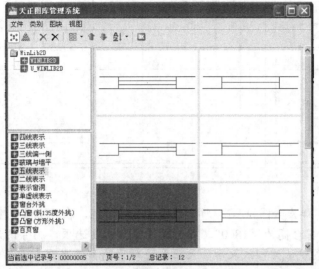

图12-24  【天正图库管理系统】窗口（1）

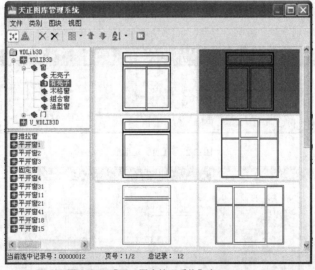

图12-25  【天正图库管理系统】窗口（2）

系统提示如下。

命令：T81_TOPENING

点取墙体<退出>：　　　　　　　　　　　　//选取轴线G上的墙体

输入从基点到门窗侧边的距离或 [取间距 850(L)] <退出>：

　　　　　　　　　　　　//输入门窗边缘到基点的距离，如图 12-26 所示

输入从基点到门窗侧边的距离或 [左右翻转(S)/内外翻转(D)/取间距 650(L)]<退出>：

　　　　　　　　　　　　//按 Enter 键

199

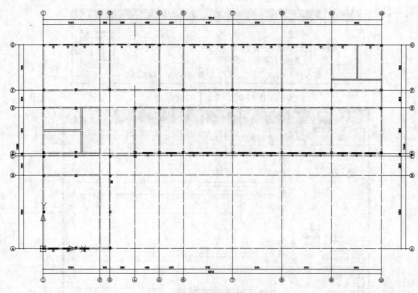

图12-26 插入 C1

3. 重复上述命令, 弹出如图 12-27 所示的【窗】对话框, 在其中设置窗宽为 "3000", 窗高为 "1500", 窗台高为 "1800", 并选择【高窗】复选项, 编号设为 "C2", 【窗】对话框左侧的图案默认为四线表示, 天正系统对于高窗的平面表示不能随意改动, 单击【窗】对话框右侧的图案, 进入【天正图库管理系统】窗口, 如图 12-28 所示, 选择【无亮子】下的 "塑钢窗 5" 三维图案, 并单击█按钮在图中插入 "C2", 插入位置如图 12-29 所示。

图12-27 【窗】对话框

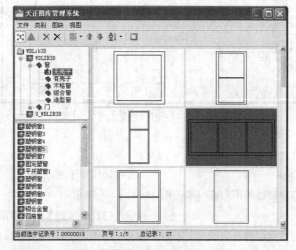

图12-28 【天正图库管理系统】窗口

系统提示如下。

```
命令：T81_TOpening
点取墙体<退出>://选取轴线F左侧墙体
输入从基点到门窗侧边的距离或 [取间距2200(L)] <退出>:2040
                            //输入门窗左侧边缘到基点的距离
输入从基点到门窗侧边的距离或 [左右翻转(S)/内外翻转(D)/取间距 2040(L)]<退出
>:1600                      //输入门窗左侧边缘到上一门窗右侧边缘的距离
输入从基点到门窗侧边的距离或 [左右翻转(S)/内外翻转(D)/取间距 1600(L)]<退出>:
                            //按 Enter 键
```

4. 绘制完 C2 后，高窗在图中的显示用虚线表示，如图 12-29 所示。

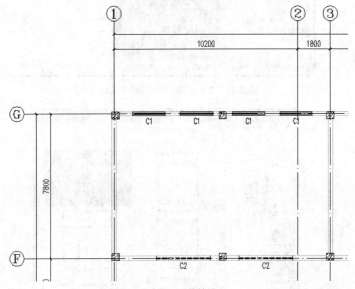

图12-29　插入 C2 的效果

5. 重复上述命令，弹出如图 12-30 所示的【窗】对话框，在其中设置编号为 "C3"，窗宽为 "2400"，窗高为 "1800"，窗台高为 "900"，单击【窗】对话框左边的图案，进入【天正图库管理系统】窗口，如图 12-31 所示，选择【WINLIB2D】下的 "五线表示"，双击该图案，返回到【窗】对话框；单击【窗】对话框右侧的图案，进入【天正图库管理系统】窗口，如图 12-32 所示，选择【有亮子】下的 "平开窗 1" 三维图案，双击该图案，返回到【窗】对话框；并单击 按钮在图中插入 "C3"，插入位置如图 12-33 所示。

图12-30　【窗】对话框

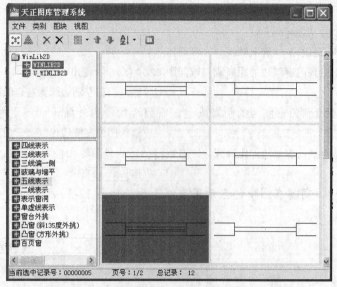

图12-31　【天正图库管理系统】窗口（1）

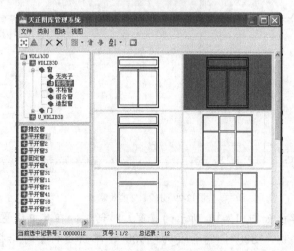

图12-32　【天正图库管理系统】窗口（2）

系统提示如下。

命令：T81_TOpening

点取墙体<退出>：　　　　　　　　　　　　　　　　　　　　//选取轴线 1 上墙体外侧

输入从基点到门窗侧边的距离或 [取间距 2200(L)] <退出>：　//门窗左侧边缘到基点的距离

输入从基点到门窗侧边的距离或 [左右翻转(S)/内外翻转(D)/取间距 2040(L)]<退出>：

　　　　　　　　　　　　　　　　　　　　　　　//门窗下边缘到基点的距离

输入从基点到门窗侧边的距离或 [左右翻转(S)/内外翻转(D)/取间距 1600(L)]<退出>：

　　　　　　　　　　　　//依次输入门窗下边缘到前一门窗上边缘的距离

输入从基点到门窗侧边的距离或 [左右翻转(S)/内外翻转(D)/取间距 1600(L)]<退出>：

　　　　　　　　　　　　　　　　　　　//按 Enter 键

执行完上述命令后，在轴线 3 上以同样的门窗间距插入 C3，C3 插入的效果如图 12-33 所示。

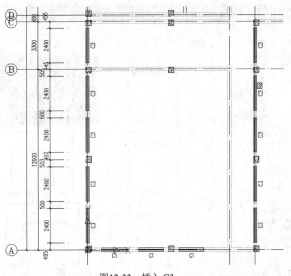

图12-33　插入 C3

6. 重复上述命令，打开如图 12-34 所示的【窗】对话框，在其中设置编号为"C4"，把窗宽改为"3000"，其他参数不变，单击【窗】对话框左侧的图案，打开【天正图库管理系统】窗口，如图 12-35 所示，选择【WINLIB2D】下的"四线表示"，双击该图案，返回到【窗】对话框；单击【窗】对话框右边的图案，进入【天正图库管理系统】窗口，如图 12-36 所示，选择【有亮子】复选项下的"平开窗 1"三维图案，双击该图案，返回到【窗】对话框，单击■按钮在图中插入"C4"，插入位置如图 12-37 所示。

图12-34　【窗】对话框

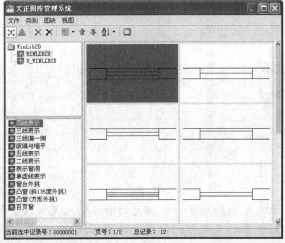

图12-35　【天正图库管理系统】窗口（1）

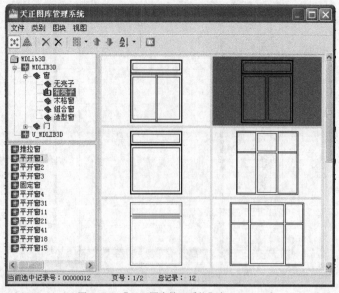

图12-36　【天正图库管理系统】窗口（2）

系统提示如下。

命令：T81_TOpening

点取墙体<退出>://选取轴线 1 上的墙体

输入从基点到门窗侧边的距离或 [取间距 440(L)] <退出>:320

　　　　　　　　　　　　　　//输入第一个窗子下边缘到基点的距离

输入从基点到门窗侧边的距离或 [左右翻转(S)/内外翻转(D)/取间距 320(L)]<退出>:600

　　　　　　　　　　　　　//输入当前窗子下边缘到上一个窗子上边缘的距离

输入从基点到门窗侧边的距离或 [左右翻转(S)/内外翻转(D)/取间距 1600(L)]<退出>:

　　　　　　　　　　　　　　//按 Enter 键

在轴线 1 上插入 C4 的效果如图 12-37 所示。

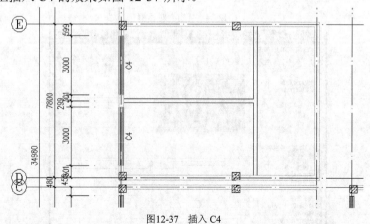

图12-37　插入 C4

7.　重复上述命令，在轴线 4 与轴线 D、E 相交的墙体插入 C5，C5 的参数对话框如图 12-38 所示，单击"依据选取位置两侧的轴线进行等分插入"按钮插入 C5。

图12-38　C5参数

8. 重复步骤 3，除编号改为"C6"，窗宽改为"1800"外，其他参数不变，在图中插入高窗"C5"。

9. 完成上述所有操作后，得到窗的绘制效果如图 12-39 所示，按 Ctrl+S 组合键保存文档。

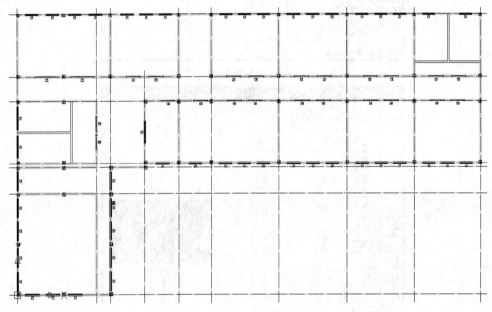

图12-39　插入窗

执行完窗体的插入后，再绘制门的插入，启动【门窗】命令，打开【窗】对话框，单击【窗】对话框下侧的 按钮，切换到【门】对话框，如图 12-40 所示，在其中设置编号设为"M1"，设置门宽为"1000"，门高为"2100"，单击【门】对话框左侧的图案，进入【天正图库管理系统】窗口，如图 12-41 所示，选择【平开门】下的"单扇平开门（全开表示门厚）"，双击该图案返回到【门】对话框；单击【门】对话框右边的图案，进入【天正图库管理系统】窗口，如图 12-42 所示，选择【实木门】下的"实木工艺门 4"三维图案，双击该图案返回到【门】对话框；单击 按钮在图中插入"M1"，以 M1 在轴线 F 与轴线 1、2 相交的墙体上的插入为例进行详细的说明，其他位置的 M1 插入请读者自己练习，在此不再赘述。

图12-40　【门】对话框

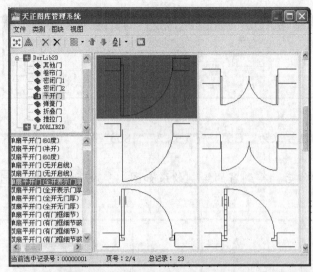

图12-41 【天正图库管理系统】窗口（1）

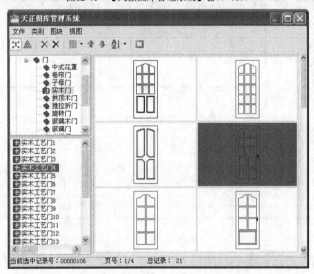

图12-42 【天正图库管理系统】窗口（2）

系统提示如下。

命令: T81_TOpening

点取墙体<退出>:         //选取轴线 F 上的墙体

输入从基点到门窗侧边的距离或 [取间距 500(L)] <退出>:220

        //输入门左侧边缘到基点的距离

输入从基点到门窗侧边的距离或 [左右翻转(S)/内外翻转(D)/取间距 220(L)]<退出>:S

        //改变门的开启方向

输入从基点到门窗侧边的距离或 [左右翻转(S)/内外翻转(D)/取间距 220(L)]<退出>:9000

        //输入门左侧边缘到第一扇门右侧边缘的距离

输入从基点到门窗侧边的距离或 [左右翻转(S)/内外翻转(D)/取间距 220(L)]<退出>:

        //按 Enter 键

执行完上述所有操作后得到 M1 的插入效果如图 12-43 所示。

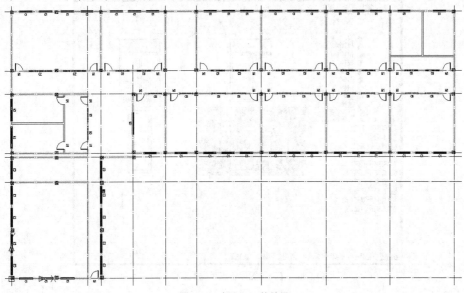

图12-43　插入 M1 的效果

10. 重复上述命令，弹出【门】对话框如图 12-44 所示，在其中设置编号设为 "M2"，设置门宽为 "1 500"，门高为 "2 400"，单击【门】对话框左侧的图案，进入【天正图库管理系统】窗口，如图 12-45 所示，选择【平开门】下的 "双扇平开门（全开表示门厚）"，双击该图案返回到【门】对话框；单击【门】对话框右侧的图案，进入【天正图库管理系统】窗口，如图 12-46 所示，选择【铝塑门】下的 "有亮子双开门" 三维图案，双击该图案返回到【门】对话框；单击 按钮在图中插入 "M2"。

图12-44　【M2】对话框

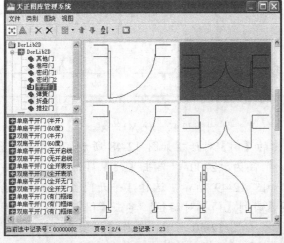

图12-45　【天正图库管理系统】窗口（1）

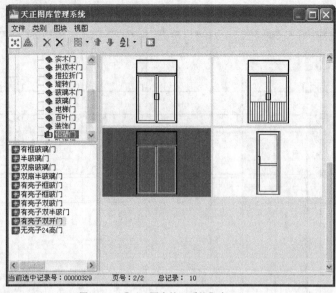

图12-46　【天正图库管理系统】窗口（2）

系统提示如下。

> 命令：T81_TOpening
>
> 点取门窗大致的位置和开向(Shift-左右开)<退出>：
>
> 　　　　　//在轴线 1 与轴线 D、E 相交墙体上确定门的开启方向后单击一点
>
> 指定参考轴线[S]/门窗或门窗组个数(1~2)<1>：　　　　　//按 Enter 键
>
> 点取门窗大致的位置和开向(Shift-左右开)<退出>：
>
> 　　　　　//在轴线 10 与轴线 D、E 相交墙体上确定门的开启方向后单击
>
> 指定参考轴线[S]/门窗或门窗组个数(1~2)<1>：　　　　　//按 Enter 键
>
> 点取门窗大致的位置和开向(Shift-左右开)<退出>：　　　　　//按 Enter 键

执行完上述所有操作后得到插入 **M2** 的效果如图 12-47 所示。

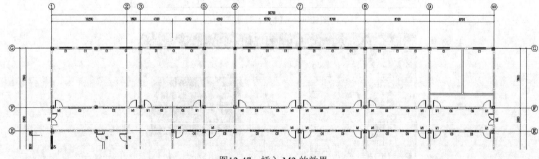

图12-47　插入 M2 的效果

11. 重复上述命令，弹出的【门】对话框如图 12-48 所示，在其中设置编号设为"M3"，设置门宽为"1800"，门高为"2700"，单击【门】对话框左边的图案，进入【天正图库管理系统】窗口，如图 12-49 所示，选择【平开门】下的"双扇平开门（全开表示门厚）"，双击该图案返回到【门】对话框；单击【门】对话框右侧的图案，进入【天正图库管理系统】窗口，如图 12-50 所示，选择【拱顶木门】下的"双开门"三维图案，双击该图案返回到【门】对话框；并单击 ▤ 按钮在图中插入"M3"。

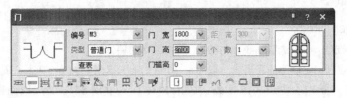

图12-48 【门】对话框

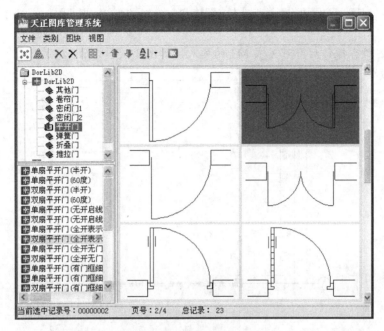

图12-49 【天正图库管理系统】窗口（1）

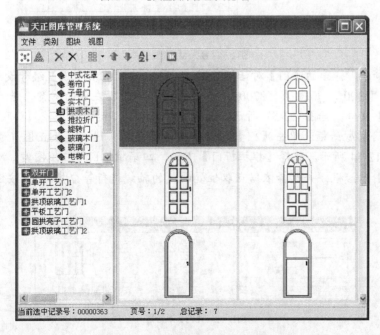

图12-50 【天正图库管理系统】窗口（2）

系统提示如下。

```
T81_TOPENING
```

点取墙体<退出>://选取轴线 2 与轴线 A、B 相交的墙体

输入从基点到门窗侧边的距离或 [取间距 300(L)] <退出>:300　　　//门边缘到基点的距离

输入从基点到门窗侧边的距离或 [左右翻转(S)/内外翻转(D)/取间距 300(L)]<退出>:12000　　　　　　　　　　　　　　　//门边缘到前一个门边缘的距离

输入从基点到门窗侧边的距离或 [左右翻转(S)/内外翻转(D)/取间距 300(L)]<退出>:

　　　　　　　　　　　　　　　　　　　　//按 Enter 键

执行完上述所有操作后即可完成 M3 的插入，如图 12-51 所示。

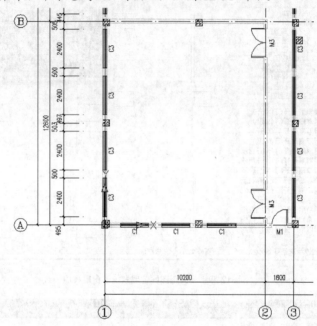

图12-51　插入 M3 的效果

12. 重复上述命令，弹出的【门】对话框如图 12-52 所示，在其中设置编号设为"M4"，设置门宽为"3300"，门高为"2700"，单击【门】对话框左侧的图案，进入【天正图库管理系统】窗口，如图 12-53 所示，选择【推拉门】下的"四扇推拉门"，双击该图案返回到【门】对话框；单击【门】对话框右边的图案，进入【天正图库管理系统】窗口，如图 12-54 所示，选择【推拉折门】下的"四扇推拉门"三维图案，双击该图案返回到【门】对话框；并选择依据点取位置两侧的轴线进行等分插入 按钮在图中插入"M4"。

图12-52　【门】对话框

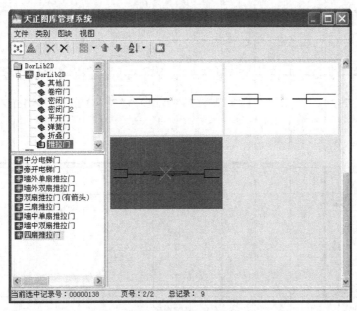

图12-53　【天正图库管理系统】窗口（1）

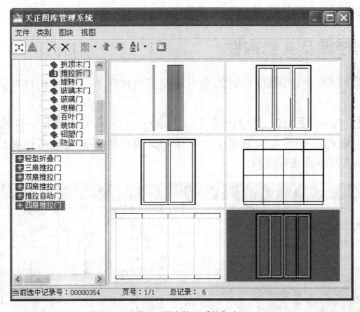

图12-54　【天正图库管理系统】窗口（2）

系统提示如下。

命令：T81_TOpening

点取门窗大致的位置和开向(Shift-左右开)<退出>：

//在轴线C与轴线3、4相交墙体上确定门的开启方向后单击一点

指定参考轴线[S]/门窗或门窗组个数(1~2)<1>：　　　　　　　　　//按Enter键

点取门窗大致的位置和开向(Shift-左右开)<退出>：　　　　　　　//按Enter键

完成操作后即可完成M4的插入，门窗的最终效果如图12-55所示。

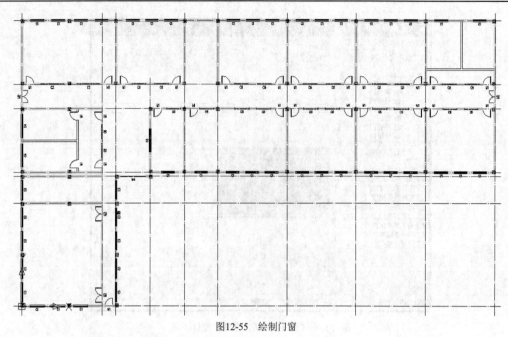

图12-55　绘制门窗

13. 执行完上述操作后，单击 🖫 按钮保存文件。

## 12.1.4　绘制楼梯及其他构件

当门窗绘制完成后，就可根据设计的要求绘制室内楼梯以及其他构件，其操作步骤提示如下。

1. 打开附盘文件"dwg\第 12 章\绘制首层门窗.dwg"，再按 Ctrl + Shift + S 组合键打开【图形另存为】对话框，如图 12-56 所示，在该对话框中将存储文件名设置为"绘制楼梯及其他构件.dwg"，再单击 🖫 按钮。

图12-56　【图形另存为】对话框

2. 启动【双跑楼梯】命令后，打开【双跑楼梯】对话框，楼梯参数设置如图 12-57 所示，

单击 梯间宽< 按钮可在图中直接选取楼梯的宽度。在其他参数下拉列表中选择【标注上楼方向】选项，然后在轴线 5 与 6 之间的开间内插入楼梯。

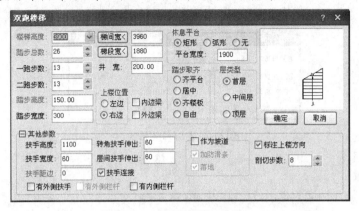

图12-57 【双跑楼梯】对话框

3. 重复上述命令，弹出如图 12-57 所示的【双跑楼梯】对话框，更改双跑楼梯参数如图 12-58 所示，然后再轴线 B 与 C 之间的开间插入楼梯，执行完上述所有操作后，得到楼梯的效果如图 12-59 所示。

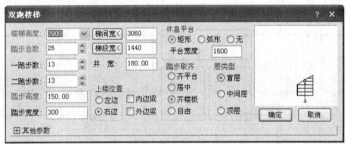

图12-58 【双跑楼梯】对话框

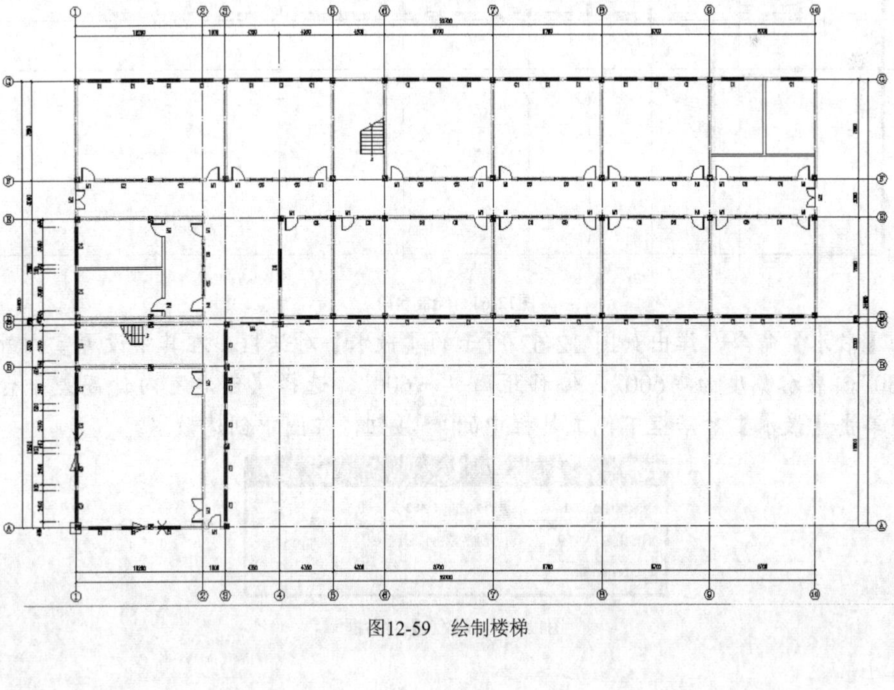

图12-59 绘制楼梯

4. 【台阶】命令以左侧门口 M2 为例进行介绍，启动【台阶】命令，弹出如图 12-60 所示的【台阶】对话框，设置台阶总高为 "450"，踏步数目为 "3"，踏步宽度为 "300"，平台宽度为 "900"，并单击 按钮在轴线 1 上插入台阶。

图12-60 【台阶】对话框

系统提示如下。

命令：T81_TStep
指定第一点或[中心定位(C)/门窗对中(D)]<退出>：

//在轴线 1 与轴线 F 的交点处单击

第二点或 [翻转到另一侧(F)]<取消>： //在轴线 1 与轴线 E 的交点处单击

指定第一点或[中心定位(C)/门窗对中(D)]<退出>： //按 Enter 键

5. 对于右侧门口的台阶绘制与左侧类似，请读者自行练习；在 M5 处利用 AutoCAD 中的【圆弧】命令创建台阶，执行完上述所有命令后，最后得到的台阶效果如图 12-61 所示。

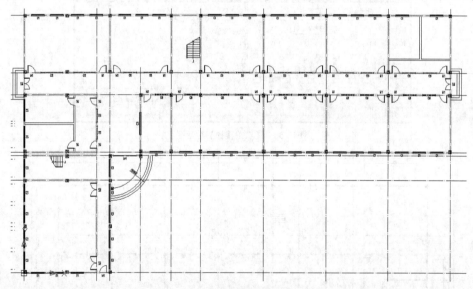

图12-61 绘制台阶

6. 启动【散水】命令，弹出如图 12-62 所示的【散水】对话框，在其中设置室内外高差为 "450"，散水宽度为 "600"，偏移距离 "-600"，选择【创建室内外高差平台】复选项，单击【散水】对话框下侧工具栏中的 按钮，在图中创建散水。

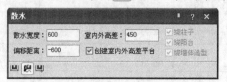

图12-62 【散水】对话框

系统提示如下。

　　命令：T81_TOutlna

　　请点取散水起点<退出>：　　　　　　　　　　//选取轴线 3 与轴线 A 交点处柱子的右下边角

　　下一点或[弧段(A)]<退出>：　　　　　　　　//依次选取柱子、台阶的外边缘

　　下一点或 [弧段(A)/回退(U)]<退出>：　　//按 Enter 键

当绘制时遇到间断点处，按 Enter 键重新启动【散水】命令，按照系统提示操作绘制散水，执行完上述命令后，即可得到散水的效果如图 12-63 所示。

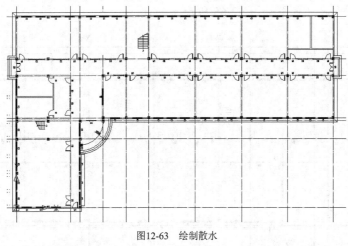

图12-63　绘制散水

## 12.1.5　尺寸及符号标注

　　当完成所有设计要求的室内楼梯以及其他构件，下一步进行尺寸及符号的标注，其操作步骤如下。

1. 打开附盘文件"dwg\第 12 章\绘制楼梯及其他构件.dwg"的文件，再按 Ctrl+Shift+S 组合键打开【图形另存为】对话框，如图 12-64 所示，在该对话框中将存储文件名设置为"尺寸及符号标注.dwg"，再单击 按钮。

图12-64　【图形另存为】对话框

2. 双击第一道尺寸线或第二道尺寸线，此时将进入尺寸标注编辑状态，单击外墙外侧点作为标注点，此时将会达到增补标注的效果，下面拿轴线 1 上的墙体和柱子作为介绍，双击轴线 A 与轴线 G 之间的第一道尺寸线，系统提示如下。

命令：T81_TObjEdit

点取待增补的标注点的位置或 [参考点(R)]<退出>：

//选取轴线 A 与轴线 1 相交处柱子的外侧

点取待增补的标注点的位置或 [参考点(R)/撤消上一标注点(U)]<退出>：

//选取轴线 G 与轴线 1 相交处柱子的外侧

点取待增补的标注点的位置或 [参考点(R)/撤消上一标注点(U)]<退出>：//按 Enter 键

对于其他轴线上墙体和柱子的增补尺寸，请读者自行根据以上操作，亲自练习一下，最后得到的增补尺寸效果如图 12-65 所示。

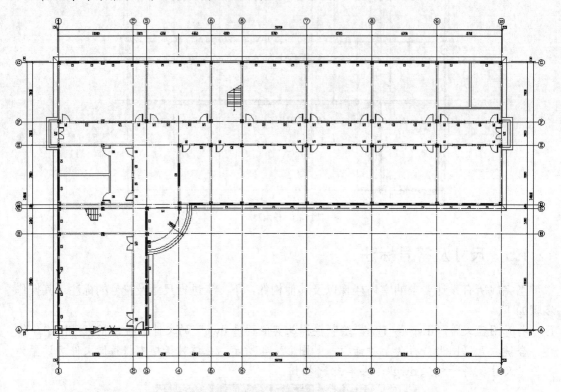

图12-65　尺寸增补

3. 启动【逐点标注】命令，给轴线 D 处的散水创建尺寸标注，系统提示如下。

命令：T81_TDIMMP

起点或 [参考点(R)]<退出>：　　　　　　　　　　　//选择轴线 D 处墙体的外侧中点

第二点<退出>：　　　　　　　　　　　　　　　　//选择轴线 D 处散水的外侧中点

请点取尺寸线位置或 [更正尺寸线方向(D)]<退出>：　　//在墙体中点处单击一点

请输入其他标注点或 [撤消上一标注点(U)]<结束>：　　//按 Enter 键

完成述操作后即可在图中创建散水标注。

4. 本例以轴线 G 上的门窗进行练习，启动【门窗标注】命令，系统提示如下。

命令：T81_TDim3

请用线选第一、二道尺寸线及墙体！

起点<退出>：　　　　　　　　　　　　　　　　//单击轴线 G 上最右侧门窗的右边墙体 A1

终点<退出>：　　　　　　　　　　　　　　　　//单击轴线 G 上最右侧门窗的左边墙体 A9

| 选择其他墙体:指定对角点：找到 1 个 | //依次沿轴线 G 向左依次选取墙体 A2 |
|---|---|
| 选择其他墙体:找到 1 个，总计 2 个 | //依次沿轴线 G 向左依次选取墙体 A3 |
| 选择其他墙体:找到 1 个，总计 3 个 | //依次沿轴线 G 向左依次选取墙体 A4 |
| 选择其他墙体:找到 1 个，总计 4 个 | //依次沿轴线 G 向左依次选取墙体 A5 |
| 选择其他墙体:找到 1 个，总计 5 个 | //依次沿轴线 G 向左依次选取墙体 A6 |
| 选择其他墙体:找到 1 个，总计 6 个 | //依次沿轴线 G 向左依次选取墙体 A7 |
| 选择其他墙体:找到 1 个，总计 7 个 | //依次沿轴线 G 向左依次选取墙体 A8 |
| 选择其他墙体: | //按 Enter 键 |

完成上述操作后，请读者自行在其他轴线上标注外墙门窗的尺寸标注，结果如图 12-66 所示。

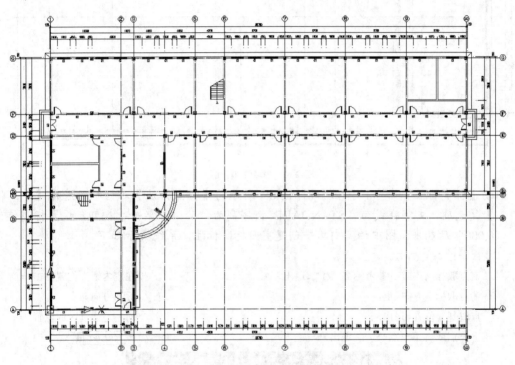

图12-66　门窗标注

5. 启动【逐点标注】命令，以轴线 4 上的 C5 为例进行介绍，系统提示如下。

命令：T81_TDimMP

| 起点或 [参考点(R)]<退出>： | //选取轴线 D 与轴线 4 的交点 |
|---|---|
| 第二点<退出>： | //选取门窗的边缘 |
| 请点取尺寸线位置或 [更正尺寸线方向(D)]<退出>： | //在合适位置单击一点 |
| 请输入其他标注点或 [撤消上一标注点(U)]<结束>： | //选择门窗的另一侧 |
| 请输入其他标注点或 [撤消上一标注点(U)]<结束>： | //选择轴线 E 与轴线 4 的交点 |
| 请输入其他标注点或 [撤消上一标注点(U)]<结束>： | //按 Enter 键 |

按照上述操作，请读者自行对平面图中的所有内墙门窗进行标注，结果如图 12-67 所示。

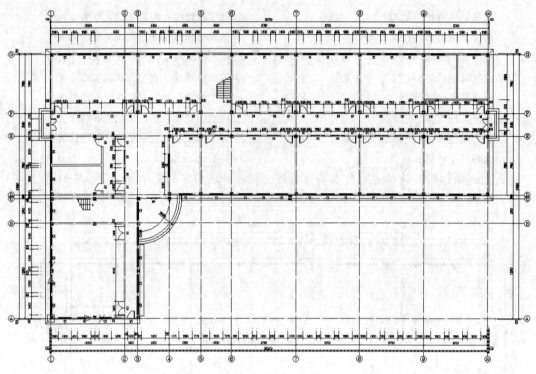

图12-67　内墙门窗标注

6. 启动【标高标注】命令，弹出如图 12-68 所示的【标高标注】对话框，选择【手工输入】复选项，文字样式为"STANDARD"，字高为"6"，并单击▽按钮，设置标高值为"0.000"后在平面图中的室内单击创建室内标高标注，系统提示如下。

命令：T81_TMElev

请点取标高点或 [参考标高(R)]<退出>：　　　　　　　　//在室内适当位置单击一点

请点取标高方向<退出>：　　　　　　　　　　　　　　//标高方向向上

点取基线位置<退出>：　　　　　　　　　　　　　　　//向左适当选区取位置

下一点或 [第一点(F)]<退出>：　　　　　　　　　　　//按 Enter 键

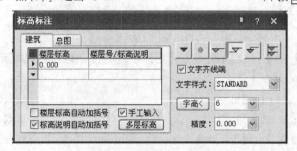

图12-68　【标高标注】对话框

7. 重复上述命令操作过程，设置散水以外区域的标高为"－0.450"，最终效果如图 12-69 所示。

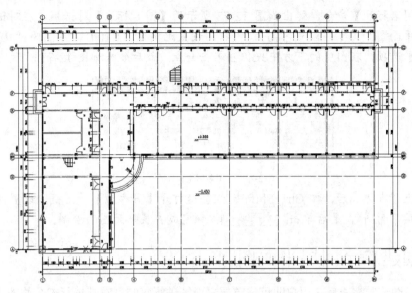

图12-69　创建标高标注

8.　启动【单行文字】命令，弹出如图 12-70 所示的【单行文字】对话框，在室内创建单行文本"教室"文字，设置字高为"10"，在室内单击一点，系统提示如下。

命令：T81_TText

请点取插入位置<退出>：　　　　　　　　//在室内合适位置单击一点

请点取插入位置<退出>：　　　　　　　　//按 Enter 键

图12-70　【单行文字】对话框

对于其他房间的名称标注，用上述类似方法，效果如图 12-71 所示。

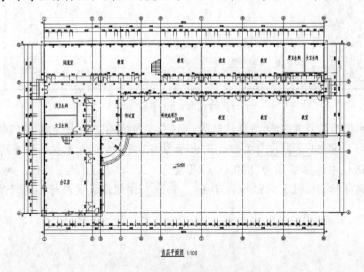

图12-71　首层平面图

9. 启动【图名标注】命令，弹出如图 12-72 所示的【图名标注】对话框，在对话框中输入"首层平面图"文字，设置字高为"14"，设置比例为"1:100"，字高为"10"，并选择【国标】选项，在图中的下方中央位置单击一点，最后效果如图 12-71 所示。

图12-72　【图名标注】对话框

10. 完成以上所有操作后，按 Ctrl+Shift+S 组合键打开【另存为】对话框，设置保存文件名为"首层平面图"，最后单击 保存(S) 按钮完成首层平面图的绘制。

## 12.2　创建二至四层平面图

首层平面图绘制完成后，用户即可将首层平面图进行复制，对其进行部分修改生成二至四层平面图，本节就将介绍某中学教学楼二至四层平面图的绘制方法，其操作步骤提示如下。

1. 打开附盘文件"dwg\第 12 章\首层平面图.dwg"，再按 Ctrl+Shift+S 组合键将其存储为"二至四层平面图.dwg"文件，如图 12-73 所示。

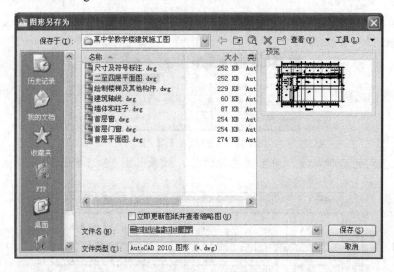

图12-73　【图形另存为】对话框

2. 将图中的散水、台阶及室外标高标注删除，双击室内标高，弹出如图 12-74 所示的【标高标注】对话框，单击 多层标高 按钮，弹出如图 12-75 所示的【多层楼层标高编辑】对话框，在该对话框中选择层高为"3900"，层数为"2"单击 添加 按钮，再单击 确定 按钮，返回到【标高标注】对话框，单击 确定 按钮完成室内标高的修改。

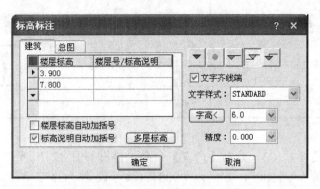

图12-74　【标高标注】对话框

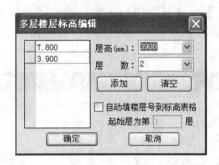

图12-75　【多层楼层标高编辑】对话框

3. 利用 AutoCAD 中的多段线、圆弧命令，在原来台阶的位置绘制雨篷，更改图中部分房间的名称标注。

4. 双击楼梯对象，弹出如图 12-76 所示的【双跑楼梯】对话框，在该对话框中其他参数不变，在【层类型】选项组中选择【中间层】选项，单击 确定 按钮即可完成楼梯的编辑，对于另一个楼梯对象采用同样的方法，请读者自行练习。

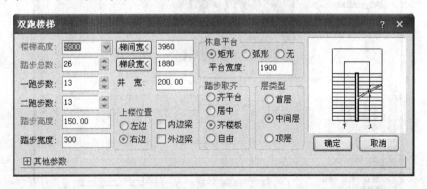

图12-76　【双跑楼梯】对话框

5. 删除图中外墙上的 M1、M2 和 M4，选择菜单命令【门窗】/【门窗】，弹出如图 12-77 所示的【窗】对话框，其他参数不变，选择依据点取位置两侧的轴线进行等分插入 囯 按钮，在 M2 的位置处插入 C1。

图12-77　【窗】对话框

6. 在 M4 的位置处插入 C3。启动【门窗】命令，弹出如图 12-78 所示的【窗】对话框，
在其中设置窗高为"1500"，窗宽为"900"，编号设为"C7"，单击【窗】对话框左侧
的图案，进入【天正图库管理系统】窗口，如图 12-79 所示，选择【WINLIB2D】下的
"四线表示"，单击【窗】对话框右侧的图案，进入【天正图库管理系统】窗口，如图
12-80 所示，选择【有亮子】下的"平开窗 1"三维图案，并单击按钮在图中插入
C7。

图12-78　【窗】对话框

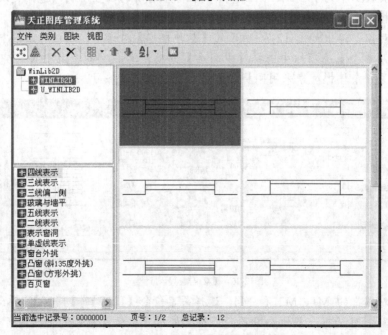

图12-79　【天正图库管理系统】窗口（1）

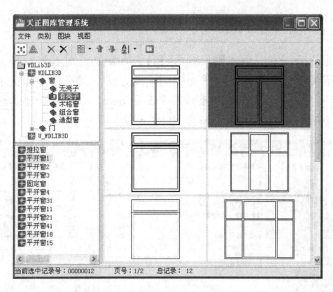

图12-80 【天正图库管理系统】窗口（2）

系统提示如下。

命令：T81_TOpening

点取门窗大致的位置和开向(Shift－左右开)<退出>：
//在轴线 A 与轴线 2、3 相交的墙体上单击一点，确定开向

指定参考轴线[S]/门窗或门窗组个数(1~1)<1>： //按 Enter 键

点取门窗大致的位置和开向(Shift－左右开)<退出>： //按 Enter 键

完成上述所有操作后，得到二至四层平面图的效果图，如图 12-81 所示。

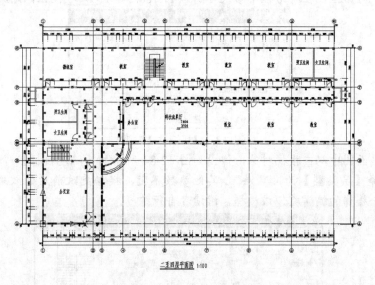

图12-81 二至四层平面图

7. 完成以上所有操作后，单击 按钮保存二至四层平面图。

## 12.3　创建顶层平面图

二至四层平面图绘制完成后，用户即可将其进行复制，对其进行部分修改生成顶层平面图，本节就将介绍某中学教学楼顶层平面图的绘制方法，其操作步骤提示如下。

1. 打开附盘文件 "dwg\第 12 章\二至四层平面图.dwg"，再按 Ctrl+Shift+S 组合键将其存储为 "顶层平面图.dwg" 文件，如图 12-82 所示。

图12-82　【图形另存为】对话框

2. 在顶层平面图中删除所有的雨篷及台阶，双击标高标注对象弹出如图 12-83 所示的【标高标注】对话框，在对话框中修改标高为 11.700，单击 确定 按钮，完成标高的编辑。

图12-83　【标高标注】对话框

3. 在顶层平面图中双击楼梯对象，弹出如图 12-84 所示的【双跑楼梯】对话框，在该对话框中选择【层类型】为 "顶层"，其他参数不变，楼梯更改前后的效果如图 12-85 所示，另一楼梯的编辑类似该楼梯，请读者自行练习。

图12-84　【双跑楼梯】对话框

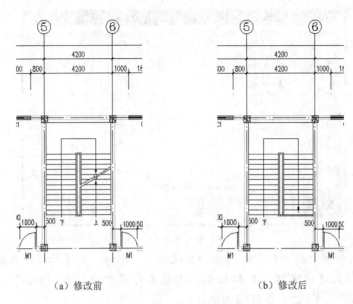

（a）修改前　　　　　　　　　（b）修改后

图12-85　楼梯层类型修改前后对比

4. 双击图名修改为"顶层平面图"，结果如图 12-86 所示。

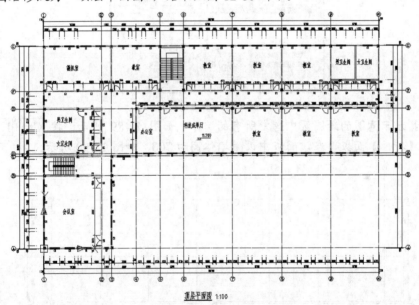

图12-86　顶层平面图

5. 完成以上所有操作后，单击 💾 按钮保存顶层平面图。

## 12.4　创建屋面排水示意图

1. 打开附盘文件"dwg\第 12 章\顶层平面图.dwg"，再按 Ctrl+Shift+S 组合键将其存储为"屋面排水示意图.dwg"，如图 12-87 所示。

图12-87　保存文件

2. 在屋面排水示意图中删除所有的门窗、三级标注、楼梯、文字标注及内墙，双击 11.700 标高标注，进入【标高标注】对话框，在楼层标高中输入 "15.600"，如图 12-88 所示，单击 确定 按钮完成标高的标注。

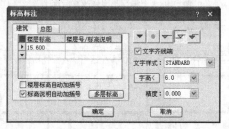

图12-88　【标高标注】对话框

3. 在屋面排水示意图的绘图区中选中所有的墙体，如图 12-89 所示，按 Ctrl+1 组合键打开墙体【特性】面板，在该面板中设置墙体高为 700，如图 12-90 所示。

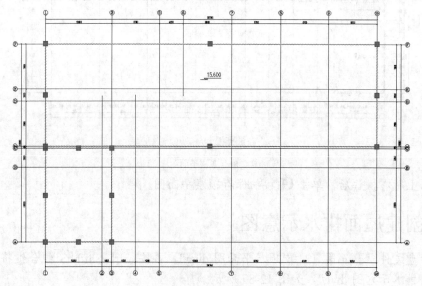

图12-89　墙体的选择

图12-90　墙体【特性】面板

4. 在 AutoCAD 中单击 按钮，按照图 12-91 所示绘制分水脊线和天沟分水线。

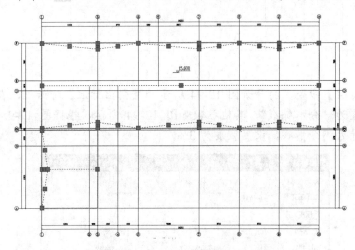

图12-91　绘制分水脊线和天沟分水线

5. 选中上图中所有绘制的分水脊线和分隔缝，按 Ctrl+1 组合键打开【特性】面板，在该面板中选择线型下拉列表中选择 "DASH" 虚线型，如图 12-92 所示，已更改线型的效果如图 12-93 所示。

图12-92　线型变换面板

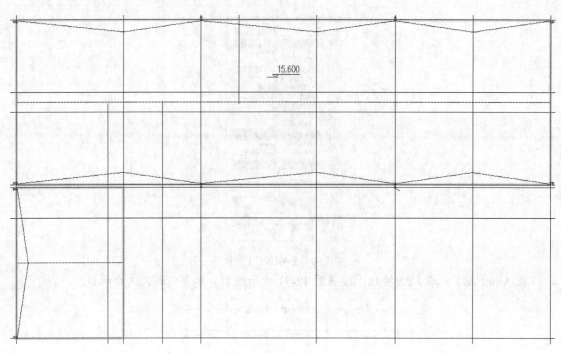

图12-93 设置线型

6. 启动【引出标注】命令，打开如图 12-94 所示的【引出标注】对话框，在该对话框中上标注文字设置为"分水脊线"，其他参数如图 12-94 所示，根据图 12-95 所示的效果标注分水脊线和天沟分水线，设置坡度为 3%。

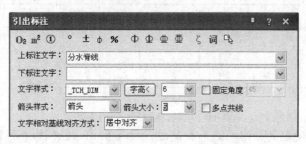

图12-94 【引出标注】对话框

命令：T81_TLeader
请给出标注第一点<退出>：                        //在适当位置单击一点
输入引线位置或 [更改箭头型式(A)]<退出>：      //在适当位置单击一点，文字在上方
点取文字基线位置<退出>：                        //在适当位置单击一点
输入其他的标注点<结束>：                        //按 Enter 键

7. 同样，屋面坡度为 3%的设置是通过【符号标注】/【箭头引注】命令绘制的，绘制方法与【引出标注】几乎相同，在此不再赘述，完成上述所有操作后，结果如图 12-95 所示。

8. 完成上述全部操作后，按 Ctrl+S 组合键保存文档。

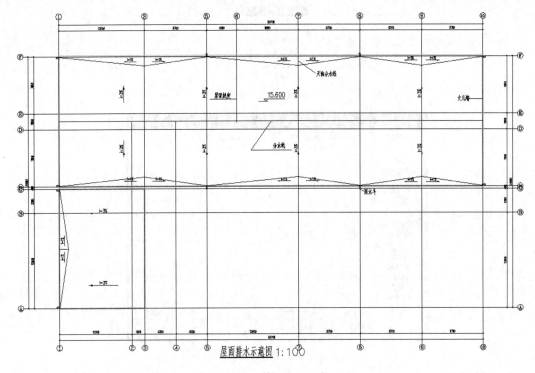

图12-95　屋面排水示意图

# 12.5　建立教学楼工程管理

当施工平面图绘制完成后，还需要将这些平面图添加到项目中进行统一管理，以便于生成立面、剖面以及后期的管理，本节将介绍通过工程管理生成立面图，其操作步骤提示如下。

1.　启动【工程管理】命令，弹出如图 12-96 所示的【工程管理】面板，在该面板中的下拉列表中选择【新建工程】命令，如图 12-97 所示，将新的工程保存在与平面图相同的文件夹下，设置工程文件名为"某中学教学楼建筑工程"，最后单击 ![]按钮完成工程的创建，如图 12-98 所示。

图12-96　【工程管理】面板

图12-97　【新建工程】命令

图12-98　创建"某中学教学楼建筑工程"

2. 在【图纸】面板中的"平面图"子类别上单击鼠标右键，如图 12-99 所示，在弹出的快捷菜单中选择【添加图纸】命令，如图 12-100 所示，在弹出的【选择图纸】对话框中按住 Ctrl 键的同时选中"首层平面图"、"二至四层平面图"、"顶层平面图"和"屋面排水示意图" 4 个 DWG 文件，再单击 打开(Q) 按钮将其添加到"平面图"子类别中，如图 12-101 所示。

图12-99　【图纸】栏

图12-100　快捷菜单

图12-101 【选择图纸】对话框

3. 展开"楼层"栏，在该栏中将光标定位到最后一列的单元格中，再单击其单元格右侧的空白□按钮，打开【选择标准层图形文件】对话框，如图 12-102 所示；在该对话框中选择首层平面图文件，单击 打开(O) 按钮，再设置该楼层高，重复此方法设置整个在建的楼层，如图 12-103 所示。

图12-102 【选择标准层图形文件】对话框

图12-103 设置楼层表

4. 完成以上操作后，楼层表创建完成，按 Ctrl + S 组合键保存文档。

## 12.6　生成教学楼立面图

利用上一节已建好的工程文件生成立面图，其操作步骤提示如下。

1. 在【工程管理】面板的【楼层】栏中单击 按钮，选择生成正立面，并选中首层平面图中的轴线 1 和轴线 10，弹出如图 12-104 所示的【立面生成设置】对话框，单击 生成立面 按钮，弹出如图 12-105 所示的【输入要生成的文件】对话框，在【文件名】文本框中输入要保存的文件名"正立面图"，单击 保存(S) 按钮可生成如图 12-106 所示的正立面图。

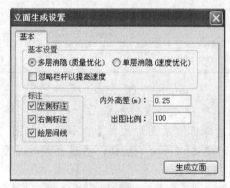

图12-104　【立面生成设置】对话框

图12-105　【输入要生成的文件】对话框

系统提示如下。

```
命令：T81_TBudElev
请输入立面方向或 [正立面(F)/背立面(B)/左立面(L)/右立面(R)]<退出>：F//选择正立面
请选择要出现在立面图上的轴线:找到 1 个                    //选择轴线1
请选择要出现在立面图上的轴线:找到 1 个，总计 2 个          //选择轴线10
请选择要出现在立面图上的轴线:                              //按 Enter 键
```

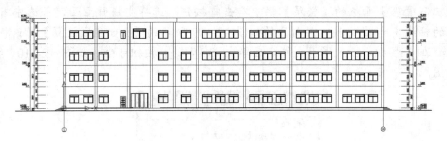

图12-106　正立面图

2. 从图 12-106 中可看出系统生成的立面图并不能满足用户的需求，此时用户可在 AutoCAD 中选择菜单命令【绘图】/【多段线】，绘制立面图中所需的其他详细部分，也可利用 AutoCAD 中的 ✓ 按钮，对上图中的柱子进行修剪。

3. 由生成的立面图可以发现，其窗子立面并不能达到要求，此时启动【立面门窗】命令，打开如图 12-107 所示的【天正图库管理系统】窗口，选择【立面窗】下的"推拉窗"中的"HTC-10P730"，单击【天正图库管理系统】窗口工具栏中的 ⚙ 按钮，插入的窗体如图 12-108 所示。

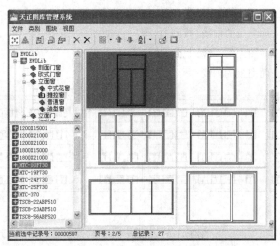

图12-107　【天正图库管理系统】对话框

4. 在 AutoCAD 中选择菜单命令【绘图】/【多段线】，绘制雨篷以及台阶，在 TArch 8.5 中选择菜单命令【符号标注】/【标高标注】对雨篷进行标注，结果如图 12-108 所示。

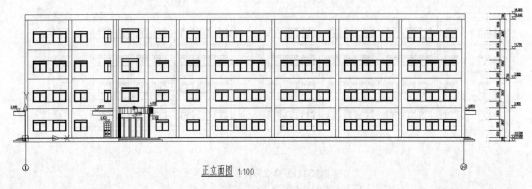

正立面图　1:100

图12-108　正立面图

5. 在【工程管理】面板的【楼层】栏中单击 ▦ 按钮，选择生成背立面，并选中首层平面图中的轴线 1 和轴线 10，在打开的如图 12-109 所示的【立面生成设置】对话框中单击 生成立面 按钮，输入保存文件名后单击 保存(S) 按钮可生成如图 12-110 所示的背立面图。

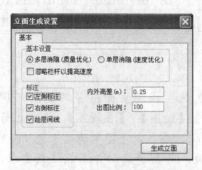

图12-109 【立面生成设置】对话框

系统提示如下。

```
命令: T81_TBudElev
请输入立面方向或 [正立面(F)/背立面(B)/左立面(L)/右立面(R)]<退出>: B//选择背立面
请选择要出现在立面图上的轴线:找到 1 个                    //选择轴线1
请选择要出现在立面图上的轴线:找到 1 个,总计 2 个          //选择轴线10
请选择要出现在立面图上的轴线:                             //按 Enter 键
```

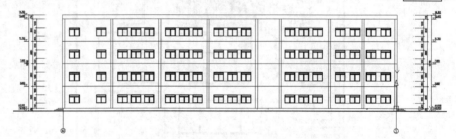

图12-110 生成的背立面图

6. 从图 12-110 中可看出系统生成的立面图并不能满足用户的需求，此时用户可在 AutoCAD 中选择菜单命令【绘图】/【多段线】，按照图 12-111 所示绘制立面图中所需的其他详细部分，如雨篷等，最终得到的背立面图如图 12-111 所示。

图12-111 修改的背立面图

7. 完成以上操作后，按 Ctrl+S 组合键保存文档。

## 12.7　生成教学楼剖面图

仅仅依靠平面图和立面图不能完全地生成建筑形状和数据，此时用户还可根据工程中的平面图生成剖面图效果来完成建筑物的描述。本节将先在首层平面上创建剖切符号，再利用TArch 8.5 的工程管理功能创建剖面图，其操作步骤提示如下。

1. 选择菜单命令【文件布图】/【工程管理】，打开如图 12-112 所示的【工程管理】面板，在该对话框中打开附盘文件"dwg\第 12 章\某中学教学楼建筑工程.tpr"，如图 12-113 所示。

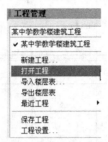

图12-112　【工程管理】面板

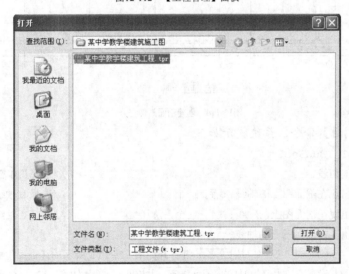

图12-113　打开文件

在工程管理面板展开【图纸】栏，双击【平面图】子类别中的"首层平面图"，此时首层平面图将被打开，启动【剖面剖切】命令，系统提示如下。

命令:　T81_TSECTION

请输入剖切编号<1>:　　　　　　　　　　　　　　　　//输入编号 1

点取第一个剖切点<退出>:　　　　　　　　　　　　　//选取剖切位置的第一点

点取第二个剖切点<退出>:　　　　　　　　　　　　　//选取剖切位置的第二点

点取下一个剖切点<结束>:　　　　　　　　　　　　　//按 Enter 键

点取剖视方向<当前>:　　　　　　　　　　　　　　　//向右剖切

完成上述所有操作后，结果如图 12-114 所示。

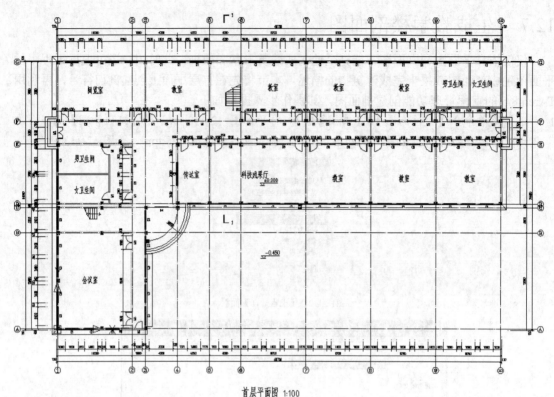

首层平面图 1:100

图12-114 创建剖面剖切符号

2. 启动【建筑剖面】命令，系统提示如下。

命令：T81_TBudSect

请选择一剖切线： //选择第 1 剖切线符号

请选择要出现在剖面图上的轴线:找到 1 个 //选择 D 轴线

请选择要出现在剖面图上的轴线:找到 1 个，总计 2 个 //选择 G 轴线

请选择要出现在剖面图上的轴线：

//按 Enter 键打开如图 12-115 所示的【剖面生成设置】对话框

单击【剖面生成设置】对话框中的 生成剖面 按钮，弹出如图 12-116 所示的【输入要生成的文件】对话框，输入文件名为 "1-1 剖面"，单击 保存(S) 按钮即可完成剖面图的生成，如图 12-117 所示。

图12-115 【剖面生成设置】对话框

图12-116 【输入要生成的文件】对话框

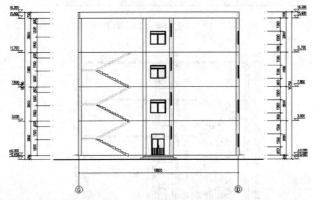

图12-117 根据剖切线生成的剖面图

3. 重复生成立面图的方法在剖面图中利用【多段线】命令绘制各详细构件，如扶手等，删除图中的标注，对图中的尺寸标注及标高标注重新标注，最终效果如图 12-118 所示。

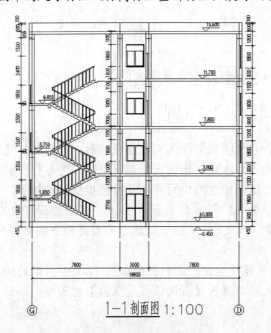

1—1剖面图 1:100

图12-118 修改后的剖面图

4. 在 TArch 8.5 中选择菜单命令【剖面】/【剖面填充】，选择要填充的剖面柱、梁板、楼梯，打开如图 12-119 所示的对话框，选择相应的填充材料和填充比例，再在剖面图中为柱子剖面、楼板剖面、楼梯剖面等进行填充，结果如图 12-120 所示。

图12-119 【剖面填充】设置对话框

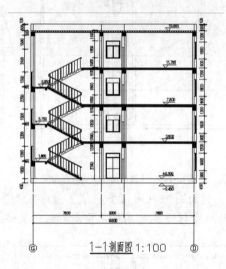

1—1剖面图 1:100

图12-120 剖面图

5. 完成上述操作后，按 Ctrl+S 组合键保存文件。

## 12.8 进行教学楼图纸布置

当施工图的平面图、立面图和剖面图都绘制完成后，就是制作建筑说明了，最后再是将各图纸及说明进行打印输出。本案例将对已绘制好的图形进行打印前的布局，其布局内容包括页面设置、图框添加、图框信息的填写等，其操作步骤提示如下。

1. 打开附盘文件 "dwg\第 12 章\首层平面图.dwg"，单击绘图窗口左下方的 布局1 选项卡进入 "布局 1" 环境中，按 Ctrl+A 组合键选中布局页面中的全部对象，按 Delete 键将选中对象删除。

2. 在 布局1 选项卡上单击鼠标右键，在打开的如图 12-121 所示的快捷菜单中选择【页面设置管理器】命令，此时将弹出【页面设置管理器】对话框，如图 12-122 所示。

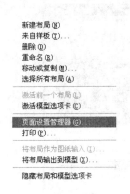

图12-121　快捷菜单

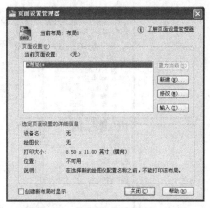

图12-122　【页面设置管理器】对话框

3. 在【页面设置管理器】对话框中单击 修改(M)... 按钮后，打开【页面设置】对话框，在该对话框中按照图 12-123 所示设置打印机或绘图仪设备、选择图纸尺寸、选择打印比例，最后单击 确定 按钮完成布局页面设置。

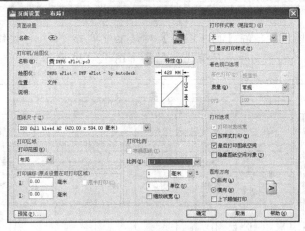

图12-123　【页面设置】对话框

4. 在 TArch 8.5 中选择菜单命令【文件布图】/【插入图框】，打开【插入图框】对话框，按照图 12-124 所示设置选择图幅大小和标题栏样式，单击【标准标题栏】右侧的按钮，打开【天正图库管理系统】窗口，如图 12-125 所示，选择【普通标题栏】下的"180×50"，双击该图返回【插入图框】对话框。

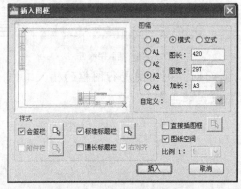

图12-124　【插入图框】对话框

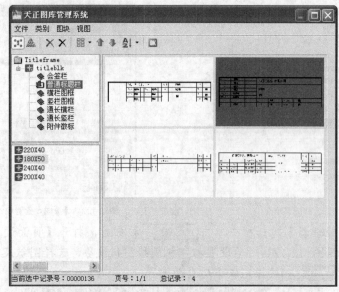

图12-125 【天正图库管理系统】窗口

5. 当用户在选择好图框后，在【插入图框】对话框中单击 ▢插入▢ 按钮，再在布局窗口中按 Z 键将图框插入到布局原点位置上，结果如图 12-126 所示。

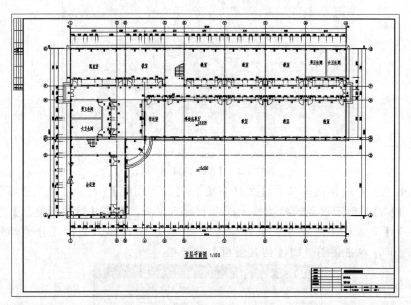

图12-126 插入图框后

6. 最后对所有的平面图、立面图、剖面图进行图框的插入工作，并图框中的信息进行填写，即可完成一套完整的建筑施工图。